Reklamepostkarten

Peter Weiss
Karl Stehle

Mit einer Einführung
von Giovanni Fanelli

Birkhäuser Verlag
Basel · Boston · Berlin

Alle abgebildeten Postkarten in diesem Band stammen aus den Privatsammlungen der Autoren. Für den Umschlag wurden die Abbildungen Nr. 36, 79, 212 und 237 verwendet.

CIP-Titelaufnahme der Deutschen Bibliothek

Weiss, Peter:
Reklamepostkarten / Peter Weiss ; Karl Stehle. Mit e. Einf. von Giovanni Fanelli. – Basel ; Boston; Berlin : Birkhäuser, 1988
ISBN 3-7643-1937-2
NE: Stehle, Karl:

Umschlaggestaltung und Typografie: Albert Gomm swb/asg
Printed in Germany
ISBN 3-7643-1937-2

Inhalt

Einleitung

«Reklame (franz.), empfehlende Anzeige, bei der im Unterschied von der einfachen Annonce die Anwendung raffinierter Mittel zur Erweckung des öffentlichen Interesses wesentlich ist. Trotz der Ausschreitungen des Reklamewesens und des Vorschubs, den es dem Schwindel leistet, ist es ein bedeutsames Kulturmoment unsrer Zeit, eine Macht, welche sowohl segensreich als auch verhängnisvoll auf den modernen Handel und Verkehr einwirkt und nicht bloß für geschäftliche, sondern auch für politische und geistige Interessen ausgenutzt wird.»
Meyers Konversations-Lexikon 1896

«Die Reklame ist ein frecher Balg, der zum Enfant terrible der Großstadt geworden ist. Aber wir amüsieren uns über den Kindermund und schütteln uns vor Lachen über die Einfälle des Enfant, wenn es auch manchmal uns oder unseren lieben Nächsten ein wenig anrempelt.»
Edmund Edel

«Der Industriebaron zahlt heute besser und leichter als Hof, Kirche, Adel und Kunsthändler. Die Maler zeichnen daher Plakate, Annoncenbilder und Ansichtskarten... Die Usurpation der Kunst durch die Industrie kann kein anderes Resultat zeitigen, als die schließlich absolute Vorherrschaft des Schreienden und Auffälligen über das Schlichte und Anmutige, des Flüchtigen und Aktuellen über das Reife und zeitlos Schöne.»
Karl Hauer, Die Hinrichtung der Sinne

Ich erlaube mir, der langen Reihe von Anekdoten über die Werbung eine weitere hinzuzufügen, auch wenn das nicht unbedingt nötig scheint. Die Literatur dieser Art ist – leider – bereits wesentlich umfangreicher als die wissenschaftlichen Veröffentlichungen über die Geschichte der Werbung. Während ich diese Zeilen schreibe, überträgt einer der Sender des staatlichen italienischen Fernsehens – und das täglich – die Unterhaltungssendung ‹Indietro tutta› nach einer Idee von Renzo Arbore, eine intelligente Satire über gewisse Aspekte der Fernsehkultur und insbesondere auch der Macht der Werbung und ihre diversen Formen. Die Grundidee der Sendung besteht darin, daß diese angeblich von einem (nicht existierenden) Industriebetrieb gesponsert wird. Die Firma, so heißt es, stelle das Produkt ‹Cacao Meravigliao›, eine spanisch klingende Verballhornung von ‹cacao meraviglioso› (= herrlicher Kakao) her, für das während der Sendung besonders aufdringlich ‹geworben› wird. Daß Arbore damit einen glücklichen Einfall hatte, bewies in den ersten Tagen nach Ausstrahlung der Sendung ein bezeichnendes Phänomen: Viele Italiener in verschiedenen Städten verlangten in den Läden ‹cacao meravigliao›. Dieses Phänomen bestätigt, was der Autor des Programmes beweisen wollte, nämlich, welche enorme Macht die Werbung auf das mächtigste Massenkommunikationsmittel der modernen Welt, das Fernsehen, ausübt.
Daß die Erforschung der Werbung eine ernste Sache ist, wird schon seit langem erkannt. So schreibt Mario Borsa in *Il giornalismo inglese* (Der englische Journalismus, Mailand 1910): «Gladstone las die amerikanischen Zeitungen, um sich anhand der Reklame ein Bild über das Leben, die Neigungen und den Geschmack des amerikanischen Volkes machen zu können. Das gleiche könnte man mit einer englischen Zeitung machen. In der Zeitungsreklame findet sich alles: was der Engländer ißt und trinkt, wie er sich kleidet, wie er wohnt, wie er sich unterhält. Wären auch alle anderen Dokumente verschwunden, eine einzige Ausgabe der ‹*Times*› würde dem Historiker

der Zukunft genügend Angaben liefern, mit denen er sich ein Bild vom England unserer Zeit machen könnte.» Gleichermaßen könnten wir sagen, daß Reklamepostkarten für den Historiker wertvolle Dokumente über durchaus wichtige Aspekte der Kultur unseres Jahrhunderts darstellen könnten.

Doch soll es hier nicht um eine Untersuchung von Reklamepostkarten gehen, noch um eine Einordnung in die Geschichte der verschiedenen Werbemittel – Reklameschilder, Plakate, Zeitungs- und Zeitschriftenwerbung, Flugblätter, Etiketten, Briefsiegel, usw. Ebensowenig können wir hier die Bedeutung der Werbung im Umfeld der Großstädte des 20. Jahrhunderts zum Thema machen. Würden wir einer amerikanischen oder europäischen Metropole der Jahrhundertwende einen Besuch abstatten und diese gar mit den Augen eines Aragon oder Walter Benjamin betrachten können, was gäbe es da zu entdecken und zu erkennen: Anzeigen an den Häuserwänden, Reklame auf Telegraphen- und Telephonmasten, auf öffentlichen Uhren, auf Baugerüsten, an Bäumen, auf dem Asphalt der Gehsteige, Werbefahrzeuge und Sandwichmänner, erste Beispiele mechanischer Werbung von Läden und Warenhäusern, Werbung in Kinematographen oder Bahnhöfen, Postkarten-Läden oder -Kioske in Parkanlagen oder Messegeländen und Hausierer, welche mit ihren illustrierten Postkarten den Zügen entlanglaufen oder in Kaffeehäusern und Restaurants von einem Tisch zum anderen gehen. Auf jeden Fall können wir feststellen, daß sich die Reklamepostkarte von anderen Werbemitteln in einem Punkt unterscheidet: Wo jene (wie z. B. das Plakat) der Öffentlichkeit und dem städtischen Umfeld zuzuordnen sind, gehört die Reklamepostkarte der Privatsphäre. Mit der Postkarte verschafft sich die Werbung Zugang zu den Häusern, sie wird domestiziert. Als Einzelstück ist ihre Botschaft wirkungsvoller als die Werbung in der Tagespresse, die eine unter vielen ist, oder in Warenkatalogen, wo sie eine kleine Einheit innerhalb einer langen Auflistung darstellt.

Zahlreiche wichtige Aspekte und Besonderheiten der Reklamepostkarte innerhalb der Geschichte der Massenkommunikationsmittel werden von den Autoren dieses Buches aus soziologischer oder anthropologisch-kultureller Sicht genau untersucht, wir wollen uns deshalb hier nicht weiter aufhalten. Was uns hingegen interessiert, ist eine genauere Betrachtung einiger Aspekte und Momente der Reklamepostkarte im Rahmen der Geschichte der Graphik unseres Jahrhunderts, auch wenn es sich dabei nur um eine erste Annäherung ohne Anspruch auf systematisches Vorgehen oder Vollständigkeit handeln kann. Zuallererst geht es um die Antwort auf eine Frage: Besitzt die Postkarte im allgemeinen und die Reklamepostkarte im speziellen als graphische Gattung eine spezifische Besonderheit oder nicht? In den Veröffentlichungen über die Geschichte der illustrierten Postkarte (die im übrigen nicht sehr zahlreich sind), hält sich hartnäckig das Vorurteil, daß die Postkarte als künstlerisches Produkt kaum von Interesse sei, da sie lediglich eine Reproduktion anderer graphischer Gattungen darstelle. Abgesehen von den Kunstgriffen, die auch dann zur Anpassung des Bildes an das kleine Format nötig sind, wenn es sich um eine Wiedergabe anderer graphischer Produkte handelt (dekorative Paneele, Illustrationen, Plakate usw.), gibt es jedoch auch solche Elemente, welche tatsächlich die graphische Eigenart der Postkarte ausmachen. Sie ergeben sich aus einer unumgänglichen Anforderung, die ihrer Funktion zugrundeliegt: Es muß eine Fläche für eine schriftliche Mitteilung vorgesehen werden, und zwar auf der gleichen Seite der Karte wie die Illustration. Bis etwa 1906 war eine ganze Seite der Karte der Empfängeranschrift und der Briefmarke vorbehalten. Daraus entstand die Notwendigkeit, den graphischen Teil auf der Rückseite anzubringen, unter Berücksichtigung des notwendigen Nebeneinanders von handschriftlicher Mitteilung und Illustration. Der Postkartenzeichner sieht sich ähnlichen Schwierigkeiten gegenüber wie der Plakatmaler und der Buchillustrator. Allerdings sind für ihn – angesichts der vorgegebenen, kleinen Maße (90 × 140 mm) der Karte, welche eine besonders ökonomische Ausnutzung des Raumes erfordern – die Grenzen noch enger gesetzt. Kommt hinzu, daß der Reklamepostkarten-Zeichner zusätzlich die Werbebotschaft unterbringen muß, wobei sich die Bedingungen dafür oft von denen der Plakatmalerei unterscheiden. Aus diesen Voraussetzungen sind außerordentlich vielfältige Lösungen entstanden, die oft einen beachtenswerten Erfindungsreichtum erkennen lassen. Die weit verbreitete Ansicht, die Werbepostkarte sei eine Reproduktion des Plakates oder sei zumindest nach der dem Plakat eigenen Typologie gestaltet, entspricht nur zum Teil der Wahrheit. Es gibt Reklamepostkarten mit einer ganz eigenen Typologie. Als Beispiel seien nur die zu Beginn des Jahrhunderts weit verbreiteten Postkarten erwähnt, die auf der einen Seite die Werbeillustration trugen, während die andere der Ankündigung des Besuches eines Handelsreisenden der Firma vorbehalten war. Es wäre vermessen, zu behaupten, die Popularität der Postkarte habe den Niedergang des Plakats bewirkt, wie dies etwa der angesehene Wissenschaftler Leopold Wiener getan hat (*La carte illustrée*, Le Musée du Livre, I, 1922–23, N.1., S. 8). Unbestritten wurde aber in vielen Fällen die Werbepostkarte – oft dank äußerst talentierter Graphiker – nicht als Miniaturplakat konzipiert. Als Beispiel hierfür seien die Serien von Heinrich Mittag für die Continental Pneumatic oder die Keksfabrik H. C. F. Leibnitz in Hannover (Reisegrüße) genannt, oder auch die Werbepostkarten von Fortunato Depero und anderen italienischen Futuristen. Im äußersten Fall entstehen Werbepostkarten, welche autonom gestaltete Entwürfe darstellen, bei denen die Werbung einem auf der Rückseite aufgedruckten Text überlassen wird, während die Vorderseite aus einem Bild ohne Text besteht. Für diese Art Postkarte könnte man unzählige Beispiele aufführen, besonders aus dem sogenannten goldenen Zeitalter der illustrierten Postkarte. Ich erinnere lediglich an die Serien der Wiener Werkstätte mit ihrer außerordentlichen Originalität und ihren formalen Qualitäten, sowie die von Carl Otto Czeschka für die Keksfabrik H. Bahlsen, Hannover, gezeichneten Feldpostkarten (ca. 1915). In letzteren wurde die Stilisierung der Formen (welche die persönliche Entwicklung im Umfeld der Wiener Sezession wiederspiegelt) gezielt eingesetzt, um dem Bild Räumlichkeit und visuelle Resonanz zu verleihen, wodurch die beschränkten Maße der Karte überwunden werden. Es handelt sich hier um graphische Werke, denen ein besonderer Platz in der (noch zu schreibenden) Geschichte dieses großen Graphikers des 20. Jahrhunderts gebührt.

Mit kleinen chronologischen Abweichungen wird allgemein die Periode 1898–1918 als ‹goldenes Zeitalter› der Postkarte bezeichnet. Während der zwanzigjährigen Periode, die mit dem Ersten Weltkrieg endete,

1
Carl Otto Czeschka
Farblithographie, um 1915

engagieren sich in ganz Europa wie auch in den Vereinigten Staaten die repräsentativsten Künstler des Art Nouveau oder Jugendstils im Dienste dieser graphischen Kunstgattung. Begünstigt wird diese Zuwendung durch die sozialen Implikationen im künstlerischen Selbstverständnis des Art Nouveau. Dieses findet seinen Ausdruck in den bekannten Slogans ‹l'Art dans Tout› (Kunst in allem) und ‹l'Art pour Tous› (Kunst für alle), Ausdruck eines panästhetischen Ideals, das die traditionellen akademischen Grenzen zwischen höherer und niederer Kunst in Frage stellt und sich die Verbreitung des ‹Schönheitssozialismus› zur Aufgabe gemacht hat.
Postkarte wie auch Plakat sind sinnbildliche Zeugnisse dafür, welches Interesse die kulturellen Kreise des Fin de siècle den Massenmedien als Vehikel zur Beförderung ästhetischer Botschaften entgegenbrachten. Dies ist mit Sicherheit das bedeutendste – wenn auch unterbewertete – Vermächtnis jener Kultur an die ‹historische Avantgarde›. Es ist bezeichnend, daß nach den Art Nouveau-Künstlern gerade die Futuristen, die Expressionisten, die Dadaisten und Surrealisten zur Aufwertung dieses Mediums beitrugen und es als Mittel zur Eigenpropaganda verwendeten.
Indem sie das Werbepotential der Postkarten nicht nur auf die Warenwelt bezogen, sondern gleichzeitung auch ästhetisch nutzten, scheinen die Künstler des Fin de siècle jene Verwandtschaft zwischen Kunst und Werbung vorwegzunehmen, die in der Folge durch die Futuristen und durch Fortunato Depero kategorisch ausgedrückt werden sollte. Es ist kein Zufall, daß Postkarten oft dazu verwendet wurden, für das Schaffen von Ateliers, von Gruppen und von Künstlerkolonien in den wichtigsten europäischen Ländern zu werben. Bezeichnenderweise findet man unter den ersten illustrierten Postkarten, die einen Geschmackswandel anzeigen (neben denjenigen, welche für Zeitschriften werben, die auf die Graphik ihrer Zeit einen entscheidenden Einfluß ausübten, wie z.B. Meggendorfer Blätter, Jugend, Lustige Blätter, Cocorico, Simplicissimus, Pél & Ploma, Italia ride), jene in Einzelanfertigung gezeichneten des Wiener ‹Siebener Clubs› (1895–96) sowie die gedruckten Karten der Künstlerkolonie Worpswede (ca. 1897), des Künstlerbundes Karlsruhe (ca. 1897), der Wiener Sezession (Serie ‹Ver Sacrum›, 1898), der Berliner Steglitzer Werkstatt (ca.

2
Fortunato Depero
Postkarte für die Camera Agrumaria, Messina
Farblithographie, 1932
Druck: Off. Graf. «La Sicilia», Messina

1900), der Darmstädter Künstlerkolonie (1901–04), des Pariser Salon des Cent (1901) und des Circulo artistico de Barcelona (ca. 1901).
Postkarten, wie jene der Serie ‹Les cigarettes du monde› (Zigaretten der Welt) oder ‹Les parfums› von Raphael Kirchner (1900) versinnbildlichen die Art Nouveau-Postkarte, welche über ihren eigentlichen Zweck hinausgeht und sich als graphische Kunst mit eigener künstlerischer Würde anbietet.
«Im Jahre 1901», schrieb Aragon, «war ich kaum vier Jahre alt. Mein Onkel, der zwanzig war, schrieb seinen ersten Roman, *Vierges d'Orient* (Jungfrauen des Morgenlandes) (...) lange Zeit wußte ich gar nicht, daß sich das Wort ‹Kunst› auch auf etwas anderes beziehen konnte, als auf das, was mein junger Onkel als ‹Modern Stail› bezeichnete. In seinem Zimmer im sechsten Stock hatte mein Onkel neben einem Aubrey Beardsley mit Stecknadeln das Porträt von Cléo de Merode und von Polaire an der Wand befestigt, ferner Postkarten von Raphael Kirchner, dem Wiener, auf denen das schmale Bild am Rand einer großen apfelgrünen Fläche nackte Mädchen in kontrastarmen Beige- und Weiß-Tönen auf goldenem Hintergrund zeigte, die, den Kopf nach hinten geworfen, den Zigarettenrauch herzförmig ausbliesen oder sich entsprechend der ‹botanischen› Mode um 1900 schmückten, wie man den Stil nannte, der damals ebenso provozierend wirkte wie derjenige der Beatniks unserer Tage.» ‹Le Modern Style› d'où je suis, in Roger. H. Guerrand: *L'Art Nouveau en Europe*, Paris 1965, S. IX).
Der Jugenstil war sicherlich eine ausgesprochen hedonistische Kunstrichtung, die dem Verhalten und dem Geschmack der bürgerlichen Klasse entsprach. Daraus ergibt sich die ebenfalls hedonistische Färbung der Jugenstil-Werbung. Diese trug die Handschrift von Künstlern, die der bürgerlichen Welt angehörten, und rückte die Darstellung bürgerlichen Verhaltens in den Vordergrund, nicht das Produkt. Erst später, als sich die Verhaltensmodelle vervielfacht hatten, setzte sich das Produkteabbild durch. Die Jugendstil-Werbung ist somit beladen mit symbolischen Bedeutungen, mit allegorischen oder metaphorischen Anrufungen und erotisch-mystischer Graphik.
Der von Leonetto Cappiello erfundenen Synthetik mittels Linien und Farben gelingt es, die Grenzen der Jugendstil-Werbekunst zu überwinden. Bereits in einigen Beispielen der Jahrhundertwende bedient er sich der sogenannten ‹tache› (Flecken), d.h. der Weglassung der halben Töne zugunsten homogener Farbfelder (klare Farben), der Verwendung des schwarzen Hintergrundes (oder zumindest eines homogen dunklen), von welchem sich die Umrisse der Figuren, die zu Farbflecken werden, deutlich abheben. Gegen Ende des ersten Jahrzehnts des neuen Jahrhunderts erfindet Cappiello mit Plakaten wie dem berühmten «Thermogène» *l'image parlante*, das «sprechende Bild» oder die Figur, die eine Idee verkörpert. Durch die schockierende Wirkung des Bildes – phantastische Wesen personifizieren das Produkt – soll dieses sich den potentiellen Käufern einprägen.
Die von Cappiello begonnene Synthetik mittels Linien und Farben gelangt durch den Futurismus und weitere europäische Kunstrichtungen seines Einflußbereichs zur vollständigen und endgültigen Reife. 1914 feierte Umberto Boccioni die Werbung als Mittel «zur Zerstörung der traditionellen Landschaft» und als Inspirationsquelle: «Gelobt sei die große rote Reklame (...) triumphierende Ergänzung zur vor Wut grünen Landschaft. Gelobt seien die großen Reklamen, die sich mit ausdrucksvoller Gewalt gleichförmig wiederholen, wodurch sie die Ästheten Arkadiens reizen, sie, die fröhlich auf Hügel und Berge steigen und entlang den Seilbahnen, gelassen, nützlich und ausdrucksvoll in Achtungsstellung auf ihren Holzstangen dem pünktlichen Wettlauf der mit energischer Geschäftigkeit und touristischer Blödheit vollgepackten Luxuszüge und der mit Professoren beladenen Bummelzüge zusehen (...) Habt ihr nie dieses herrliche Gefühl gekannt, das einem beim Anblick einer trübsinnigen Aneinanderreihung sentimentaler kleiner Zypressen befällt, die von einer langen gewaltsamen ACQUA PURGATIVA INFALLIBILE (Unfehlbares Abführwasser) durchbohrt werden?... Oder das zarte grüne Bäuchlein eines sanften Hanges, das von unzähligen TOT! TOT! TOT! beschossen wird (...) Die großen gelben, roten, grünen Plakate, die großen schwarzen, weißen, blauen Lettern, die unverschämt grotesken Schilder der Läden, der AUSVERKAUFS-Bazare, die gleißenden englischen *water closets*, die Negertänze im brutalen Zigeunerrhythmus zwischen

den Lichtern und den schönen Prostituierten, das ist es, was uns inspiriert und fasziniert. Andere Künstler suchen das Ursprüngliche im künstlerischen Ausdruck primitiver Völker und in Zentralafrika (...) Wir Futuristen geben zum ersten Mal das Beispiel einer begeisterten menschlichen Zustimmung zu der Zivilisationsform, die sich vor unseren Augen ausbildet.» (U. Boccioni, Pittura e scultura futurista (Dinamismo plastico), in: *Gli scritti editi e inediti*, a cura di Z. Birolli, Mailand 1971, S. 84–89).

In der ästhetischen Ideologie Marinettis und der Futuristen setzt der Gedanke an die Vergänglichkeit des Kunstwerkes voraus, daß die Gesetze der Warenwelt als Grundwerte angenommen werden. Die werbliche Selbstförderung wird damit zum Grundmoment der Publikumsbeziehungen. Die Fähigkeit der Futuristen, die von den Massenmedien angebotenen Mittel der Werbung für die eigene Produktion auszunützen, stellte sicherlich für andere Avantgarde-Bewegungen eine wichtige Lehre dar. Im allgemeinen Rahmen der futuristischen Eigenwerbung nimmt die Postkarte eine bedeutende Stellung ein. Jeder futuristische Künstler zeichnet seine eigene Postkarte für die Eigenwerbung. Unter ihnen ist Fortunato Depero sicher der Genialste.

In der 1931 erschienenen *numero unico futurista Campari* behauptet Depero in der Einleitung: «Die Kunst der Zukunft wird sehr stark auf Werbung ausgerichtet sein. Diese kühne Lehre und unanfechtbare Behauptung habe ich den Museen, den großen Werken der Vergangenheit entnommen – die gesamte Kunst vergangener Jahrhunderte diente weitgehend Werbezwecken: Verherrlichung des Kriegerischen, des Religiösen; Dokumentierung von Ereignissen, Zeremonien und Persönlichkeiten durch ihre Siege, ihre Symbole, ihre Herrschaftshierarchie und ihren Glanz (...) Auch wir haben heute unsere Anführer, die Gewaltiges in Angriff nehmen, um ihre Schlachten, ihre Werbekampagnen für Produkte und Projekte ins rechte Licht zu rükken (...) ANSALDO-FIAT-MARCHETTI-CAPRONI-ITALIA-LANCIA-ISOTTA-FRASCHINI-ALFA ROMEO-BIANCHI usw. sind alles Wunderwerkstätten, die mechanische Furien schaffen und ausspeien (...) Unser Glanz, unsere Herrlichkeit, unsere Menschen, unsere Produkte, sie alle brauchen eine neue, ebenso mechanische wie rasante Kunst, die die Dynamik, die Praxis, das Licht als unsere Materien verherrlicht (...) solch verherrlichende Kunst wurde durch den Futurismus begonnen (...) Werbung als Kunst ist ausgesprochen farbig, der Synthese verpflichtet».

In Deperos Plakaten wird das Produkt «nie schlicht gegenständlich oder – nach gegenwärtiger Art – etwa ausgeschmückt oder überhöht dargestellt, sondern es geht auf in seinem Symbol oder der Tätigkeit, die es ausdrückt. Es gestaltet sich auf diese Weise von Mal zu Mal neu, als magische Erscheinung, als Ereignis, als groteske oder hyperbole Figur und beeindruckt uns durch plastisch-farbigen Überschwung, durch formale Launenhaftigkeit und weckt automatisch Gefühle der Sympathie». (Bruno Passamani, *Fortunato Depero*, Rovereto 1981, S. 184).

Die Idee, das Produkt symbolhaft darzustellen, wie dies in den Plakaten und den Werbepostkarten Deperos zum Ausdruck kommt, nähert sich oft genug dem Schock-Bild von Cappiello. Der Gaukler des ‹Vido›-Mandelkuchens oder die mechanische Puppe der ‹Magnesia S. Pellegrino›, die einen Darmabschnitt ausräumt, sind, abgesehen von formalen Unterschieden, die sich aus einer mehr synthetischen Darstellung ergeben, unbestrittene Verwandte der Phantasiewelt Cappiellos, die, wie jene Deperos, bevölkert wird von Geistern, Kobolden, Teufeln, von einer phantastischen Fauna, einer polymorphen Schar von Kreaturen, die zum großen Hexensabbath der Konsumgesellschaft aufgeboten sind. Deperos Figuren legen die allerletzten Überreste des Realismus ab, die Cappiellos Gestalten noch anhaften, und beschwören das magische Szenario des mechanischen Balletts herauf. Der formale Charakter seiner Werbegraphik entsteht, wie es auch die in diesem Band abgedruckten Postkarten zeigen, aus einer theatralischen Zurschaustellung, insbesondere aus der besonderen Deutlichkeit, welche die künstliche Theaterbeleuchtung Gegenständen und Personen verleiht.

Spuren der mechanischen futuristischen Kunst lassen sich in Werbepostkarten anderer italienischer Futuristen wie Ivo Pannaggi und Bruno Munari erkennen.

Die wichtigsten Vertreter des Surrealismus, von Paul Éluard über Aragon bis Salvador Dalí, haben alle über die illustrierte Postkarte geschrieben.

Die Fotografie und die neuen Reproduktionstechniken führten um die Jahrhundertwende zu einer erstaunlichen Entwicklung und Verbreitung der Zeitschriftenwerbung und der Werbung generell, sowohl in selbständiger Form (hauptsächlich die Straßenplakate) als auch über Zeitungen und Zeitschriften.

Während das Plakat (das ja gewissermaßen zur Aristokratie der Werbung gehört) vor allem das hedonistische Umfeld des mittleren und höheren Bürgertums spiegelte, drückte sich die alltägliche Dimension des kleinen Bürgers besser in den Anzeigen der großen Wochenzeitschriften aus. Die große Fülle an Werbebotschaften verschiedenster Art, welche diese periodisch erscheinenden Presseerzeugnisse zierte, lieferte ein unendliches Repertoire an visuellem Material. Dieses selbst, und die unbeabsichtigt entstehenden Vermischungseffekte und gegenseitige unvorhergesehenen Reaktionen, sprachen schon bald die Phantasie der Künstler an, die daraus Ideen für Collagen und Fotomontagen schöpften. Um es mit Max Ernst zu sagen, haben Futuristen und Surrealisten sicherlich «die halluzinatorische Folge widersprüchlicher Bilder» der Werbeseiten der Zeitschriften der ersten Jahrzehnte des Jahrhunders und auch ihr Potential an ungewöhnlichen Kompositionen ausgeschöpft. Doch sind die Surrealisten nicht nur an den Zeitschriftenanzeigen des 20. Jahrhunderts interessiert, sie wollen vielmehr andere Erzeugnisse erneut betrachten, die die Präsenz von Vermischung und Zweideutigkeit verraten, die den Zustand der Moderne charakterisieren. Dazu gehört auch die Postkarte und insbesondere die Reklamepostkarte. Diese zu sammeln, zu ordnen, bedeutet für die Surrealisten eine weitere Möglichkeit, sich als ‹Einheimische der Moderne› zu fühlen.

Im Laufe der zwanziger Jahre entwickeln sich auf dem Gebiet der Werbekunst verschiedene Versionen und Interpretationen der Möglichkeiten, die sich durch die Zerlegungs- und Umbruchprozesse des Postkubismus und des ‹Zweiten Futurismus› anbieten. In Italien führen Künstler wie Sepo, Seneca und Neri Nannetti Themen und Typologien weiter, wie sie schon im Werk Cappiellos enthalten sind. Sie untersuchen die Variationsmöglichkeiten isolierter synthetischer Ideogramme, nicht-hierarchischer und unkonventioneller Beziehungen zwischen Bild und Text, von Identifikation zwischen Firmenname und dargestelltem

3
Postkarte des Münchner Künstlervereins ‹Die Gaukler›. Farblithographie, 1907, signiert August Köhler

Gegenstand, von kubistischen Schriften, welche zu darstellenden Elementen werden. Französische Plakatmaler wie Jean Carlu oder Paul Colin und italienische Futuristen wie Nicolaj Diulgheroff bedienen sich eines originellen Vorgehens: sie ersetzen symbolische Bilder durch metaphorische.
In dieser Zeit und im Anschluß daran während der dreißiger Jahre ereignet sich auf der Woge vielfältigster Entwicklungen verschiedener Avantgarde-Bewegungen eine Wende in der Geschichte der Werbekunst, die sich denn auch umgehend in den Postkarten spiegelt: Die Methode, welche sich auf eine symbolische Darstellung des Produktes stützt (wie in der Graphik des ausgehenden 19. Jahrhunderts), bei welcher die Umsetzung spielerisch (von Cappiello bis Depero) oder auch metaphorisch (von Carlu bis Diulgheroff) erfolgt, wird endgültig fallengelassen. Das Objekt wird zum Darsteller. Damit eröffnet sich dem Werbegraphiker eine ganze Palette von Möglichkeiten. Das dargestellte Objekt kann in einem geometrischen Muster aufgehen, das reich ist an neuen dekorativen Wertigkeiten und dessen Gestalt aus der formalen Analyse des Objektes selbst entsteht. In anderen Fällen kann der dekorative Effekt durch eine vervielfachende Auflösung der Gestalt des Objektes durch graphische oder fotografische Mittel erreicht werden (so findet zum Beispiel die Silhouette eines Grammophons ihren Gegenpunkt in konzentrischen Bögen, welche die Verbreitung von Schallwellen andeuten, oder die Umrisse einer Flasche werden wie in einem Schattenspiel unendlich wiederholt). Schließlich kann auch die konkrete materielle Gestalt des Gegenstandes hervorgehoben werden. Die Tendenz festigt sich und wird im Gefolge der rationalen Graphik oder Neuen Sachlichkeit weit verbreitet.
Die Anhänger der Neuen Sachlichkeit führen eine neue Konzeption der Werbung ein: nicht ‹visueller Schlag›, sondern durchdachte Werbung, die eine präzise Information liefert. Sie weisen demnach die geschichtliche Polemik über Kunst und Fotografie zurück und weigern sich, letztere nur als dekoratives, beschreibendes Element zu verwenden. Die Anwendung der Fotografie und der Fotomontage weitet sich aus und wird oft zum entscheidenden Element. Daraus entsteht eine Graphik, die nicht naturalistisch, nicht belehrend, nicht beschreibend, nicht generell ästhetisierend ist, son-

4
Offizielle Postkarte der ‹Esposizione Internazionale di Torino 1911›.
Farblithographie, 1911
Druck: G. Ricordi & C., Mailand

dern optisch wirkungsvoll, psychologisch überzeugend. Der Umschwung gegenüber der Ideologie der Künstler des Fin de siècle, welche Werbung zeichneten, ist deutlich: die Ästhetik ist Ergebnis, nicht Ziel.
Nun ist die Zeit reif für eine entscheidende Wende in der Entwicklung der Werbekunst: es wird nicht mehr der Künstler sondern der Werbegraphiker mit der Zeichnung beauftragt. Vom Erzählstil der Art Nouveau-Künstler geht man damit über zur Ästhetik des Nützlichen – Ergebnis der engen Zusammenarbeit zwischen Designer, Graphiker und Industrietechniker.
Neben den Vertretern der grundlegenden Neuerungen gibt es während der dreißiger Jahre auch noch Epigonen der «maîtres de l'affiche», welche die illustrative Tradition nochmals aufleben lassen wollen (so beispielsweise der Italiener Marcello Dudovich). Doch ihre Werke stellen eine kleine Minderheit innerhalb eines breiten Spektrums von graphischen Tendenzen und Lösungen in der Werbung dar: postkubistische und postfuturistische Kompositionen, rationalistische und konstruktivistische Konstruktionen und Montagen, Abstraktionen im Stil der Neuen Sachlichkeit, konkretistische Stylisierungen, futuristisch verdünnte Luftbilder, Andeutungen eines magischen und surrealistischen Realismus.
Ende der dreißiger Jahre zeichnet sich im Rahmen der rationalistischen Entwicklungstendenzen ein wichtiges Phänomen ab: die Rückkehr zur Typographie, zur Schrift als Mitdarstellerin des Werbebildes. Anläßlich der VII. Triennale von Mailand (1940), unterbreitet Bruno Munari, einer der besten Vertreter der italienischen Graphik jener Zeit sein Programm: er plädiert für ‹nur Typographie›. Munari beschwört eine moderne, mit der ‹Graphik› der Architektur, dem Abstrakten, dem Futurismus verbundene Typographie, welche imstande ist, sich konsequent der neuesten fotografischen Verfahren zu bedienen.
Dank der Entwicklung der Produktionsprozesse einerseits und der Verteilungs- und Konsumprozesse andererseits werden gegen Ende der dreißiger Jahre Anzeigenseiten in Zeitschriften, Katalogen, Broschüren als Werbemittel bevorzugt, während gleichzeitig das Plakat und auch die Postkarte an Bedeutung verlieren. Die Entwicklung der neuen Massenmedien, insbesondere des Fernsehens, eröffnet der Werbung neue Kanäle und neue Formen. Die Werbepostkarte scheint endgültig dem Untergang geweiht. Das Wiederaufleben der Sammelleidenschaft für illustrierte Postkarten in der zweiten Nachkriegszeit führt jedoch zur Herstellung neuer Bildpostkarten und hat auch der Werbepostkarte neue Impulse verliehen. Man erkennt darin den Abglanz der Pop-Art, der Optical-Art und anderer Strömungen der Gegenwartskunst. Es ist aber auf jeden Fall noch zu früh, eine Bilanz der Produktion dieser neuen Generation der illustrierten Postkarte zu ziehen.
Giovanni Fanelli

Aus dem Italienischen von Lala Felix

Die Geschichte der Postkarte

Kleine Chronologie

5
In der 1898 vom Bayerischen Gewerbe-Museum in Nürnberg organisierten Internationalen Plakat-Ausstellung konnten in einer eigenen Abteilung auch zahlreiche Postkarten-Künstler und -Verlage ihre Werke zeigen. Mit einem ‹besonderen Schaukasten› war Fritz Schardt, der überaus rührige Postkartenverleger und Gründer des ‹Weltverbandes Kosmopolit›, vertreten. In ihm zeigte er auch eine für die Ausstellung selbst herausgegebene Karte, die mit der hier abgebildeten identisch sein dürfte.
Rasterdruck auf bayerischer Ganzsache, signiert
Verlag: Fritz Schardt, Nürnberg

Vorgeschichte

15. Jahrhundert:
Seit dem 15. Jahrhundert sind kleine Karten mit christlichen Motiven bekannt, die man sich mit Glückwünschen zum Neujahrstag überreichte.

18. Jahrhundert:
In Frankreich entsteht zuerst beim Adel, später auch beim Bürgertum die Sitte, Visitenkarten auszutauschen. Die Karten wurden später auch mit Bildschmuck verziert. In England werden für den Valentinstag (14. Februar) vorgedruckte Karten mit Illustrationen und Prägungen im Brief an die Dame des Herzens verschickt.

19. Jahrhundert:
Im Biedermeier (ca. 1820–1850) entwickelt sich in Deutschland ein umfangreicher Brauch, sich mit kleinen Bildgaben, vor allem Schmuckkärtchen, Freundschaft und Zuneigung zu versichern. Im sprunghaft steigenden Geschäftsverkehr werden Briefbogen, Rechnungen und Empfehlungskarten mit Stahlstichen (Fabrikansichten, Allegorien, Ornamente) geschmückt. An Bade- und Reiseorten verkaufen örtliche Verlage Briefbogen mit Ortsansichten. Auch in der privaten Korrespondenz kommen illustrierte Briefbogen in Mode.

1865:
Als wesentliche Vorstufe zur Postkarte wird in Preußen seit Anfang Juni als erste offene Sendung von Bedeutung die Drucksachenkarte eingeführt. Sie ist nur für gedruckte Texte zugelassen (Anzeigen, Geschäfts-Avise, Preis-Courante) wird amtlich ‹offene Karte› genannt, und soll aus ähnlich festem Material wie die amtlichen Postanweisungen, nicht viel größer und mindestens halb so groß wie diese sein. Außer der Angabe des Empfängers, des Absenders und des Datums sowie der Unterschrift sind keine handgeschriebenen Zusätze erlaubt.

1865:
Der preußische Geheime Postrat Heinrich Stephan legt seiner vorgesetzten Behörde einen detaillierten Vorschlag zur Einführung einer Korrespondenzkarte vor. Danach sollen auf einem ‹Postblatt› offene Mitteilungen zu einem günstigeren Tarif möglich werden. Der Plan wird vom Preußischen Generalpostamt abgelehnt. Die Gründe sind finanzieller Natur, doch werden vor allem moralische Bedenken genannt: Postboten, Kinder und Dienstpersonal könnten die offenen Botschaften lesen, anonymer Mißbrauch sei möglich. Auf der 5. Deutschen Postkonferenz, die vom 13. November 1865 bis zum 2. März 1866 in Karlsruhe tagte, macht Stephan Ende November inoffiziell die Teilnehmer mit seinem Projekt bekannt.

Die amtliche Einführung

1869:
In einem Aufsatz in der Wiener Zeitung ‹Neue Freie Presse› vom 26. Januar schlägt Dr. Emanuel Herrmann, Professor der Militärakademie, ebenfalls die Einführung einer Postkarte vor. Die österreichische Post befindet die Idee für gut und beginnt bereits am 1. Oktober mit dem Verkauf der ersten ‹Korrespondenz-Karte›. Sie hat ein Format von 8,5 × 12,2 cm und trägt ein eingedrucktes Wertzeichen. Die Seite mit dem Markeneindruck enthält einen Vordruck für die Anschrift, die andere Seite ist für die Korrespondenz reserviert. Bis zum Jahresende werden in Österreich (ohne Ungarn) knapp 3 Millionen Karten verkauft.

1870:
Am 26. April wird Stephan zum General-Postdirektor des Norddeutschen Bundes ernannt. Nun kann er seinen Plan verwirklichen und führt bereits zum 1. Juli für das Bundesgebiet ebenfalls eine Korrespondenz-Karte ein. Allerdings muß er Kompromisse hinnehmen: entgegen seinem Plan ist die Karte nicht billiger als ein Brief, und die Marke ist noch nicht eingedruckt. Die Karte ist auch für den Versand in die anderen deutschen Staaten zugelassen. Die gleichzeitig in Bayern, Baden und Württemberg eingeführten Karten sind dagegen auf den inneren Verkehr beschränkt. Zunächst ist nur die Verwendung der amtlichen, von den Postanstalten selbst herausgegebenen Vordrucke erlaubt. Bis zum Jahr 1874 wird die Neuerung von allen europäischen Staaten, den USA und Rußland übernommen.

1872:
Da sich kein dauerhafter Erfolg einstellt, wird am 1. Juli das Porto auf die Hälfte, d.h. auf einen halben Silbergroschen reduziert. Gleichzeitig wird ein neues Formblatt mit der Bezeichnung ‹Postkarte› im Format 14,4 × 8,8 cm eingeführt, nun mit eingedruckter Wertmarke. Wichtig für die weitere Entwicklung ist die Zulassung privat hergestellter Karten. Sie müssen in Stärke und Größe der amtlichen entsprechen und dürfen ‹Vignetten› tragen – womit die Illustration der Karte amtlich sanktioniert wird. Eine Steigerung des Kartenverkaufs im Jahre 1873 um 216% bestätigt die Richtigkeit der Verbesserung. Das Gebührenverhältnis zum Brief wurde bis zum 1. März 1963 beibehalten.

1875:
Durch den Berner Postvereinsvertrag vom 9. Oktober 1874 wird die Postkarte ab dem 1. Juli 1875 auch im internationalen Postdienst zugelassen.

1878:
Durch den Weltpostvertrag vom 1. Juni wird der Geltungsbereich der Postkarte «endlich über alle Kulturstaaten der Erde» (Meyers Konversationslexikon 1896) ausgebreitet.

Die Postkarte als neues Kommunikations- und Informationsmedium

Das umfassende Wachstum von Industrie und Handel und die damit einhergehende wirtschaftliche und gesellschaftliche Emanzipation des Bürgertums im 19. Jahrhundert hatten zur Folge, daß immer mehr Menschen lesen und schreiben lernten und das Bedürfnis entwickelten, sich mit Geschäftspartnern, Verwandten und Freunden in einfacher Schriftform verständigen zu können. Briefe waren sprachlich umständlich und postalisch teuer. Vor allem der schnell expandierende Wirtschaftssektor arbeitete zunehmend mit stereotypen Mitteilungen, die keiner Geheimhaltung bedurften. Der Verkaufserfolg der ersten Karten bewies nachdrücklich den allgemeinen Bedarf für diese postalische Neue-

rung. Neben dem Brief bestand nun für die schriftliche Kommunikation ein praktischer, genormter und preisgünstiger Mitteilungsträger. Die Zustellung durch die Post erfolgte damals schneller als heute. Durch ihre Einfachheit kam die Postkarte vor allem geschäftlichen Interessen, aber auch dem Bedürfnis vieler anderer Leute entgegen, die sich mit ausführlichen Satzkonstruktionen und langen Höflichkeitsformeln schwer taten.
Im Deutsch-Französischen Krieg von 1870/71 zeigte sich deutlich, daß die Postkarte für den schriftlichen Kontakt der einfachen Bevölkerung eine neue Dimension einleitete. In den Pausen des Kriegseinsatzes blieb keine Zeit für ausführliche Briefe, wohl aber Gelegenheit für die wichtigsten Mitteilungen auf einer Karte. Vom Beginn des Krieges am 19. Juli bis zum Jahresende wurden von den 400 000 deutschen Soldaten mehr als 10 Millionen Karten in die Heimat geschrieben. Die Zahl der im Ersten Weltkrieg versandten Soldatenkarten wird allein in Deutschland auf 10 Milliarden geschätzt. Auch die Zahlen aus Friedenszeiten beweisen, daß das Kartenschreiben schnell eine alltägliche Angelegenheit geworden war. 1879 beförderte die Deutsche Reichspost 122 747 000 Karten, in ganz Europa kamen zu dieser Zeit jährlich rund 350 Millionen Karten zur Post. Obwohl seit 1872 die private Herstellung von Postkarten erlaubt war, blieben die von der Post als Ganzsache, das heißt mit eingedruckter Wertmarke angebotenen Vordrucke dominierend. Man sparte den Preis für die Leerkarte und mußte sich nicht mehr um die Frankierung kümmern. Die zunächst nur vorsichtig genutzte Möglichkeit, die Postkarte zu bebildern, führte erst um 1890 zu einer größeren Verbreitung von Ansichtskarten, steigerte sich aber in einem schwungvollen Entwicklungsschub um 1900 zur konkurrenzlosen Vorherrschaft der privaten Bildpostkarte.

Die Bildpostkarte

Zunächst war die Postkarte nur eine Textvermittlerin, die kleine offenherzige Schwester des Briefes. Die Möglichkeit, sie auch für bildliche Botschaften und Informationen zu benützen oder sogar mit ihrer Hilfe bildhaft zu korrespondieren, eröffnete eine weitere Dimension, in der die Postkarte als Bildvermittlerin erst ihren genuinen Charakter als Kommunikations- und Kunstmedium erhielt. Um 1900 wurde es vielfach üblich, die Karte nur noch als Bildträger zu benutzen; der persönliche Beitrag bestand, nach wohlüberlegter Bildauswahl, nur noch im Schreiben der Anschrift und des (beim Drucksachen-Porto nur zulässigen) Grußes. Die schriftliche Kommunikation war auf die Signal- und Symbolsprache der Bilder reduziert worden, die nun selbst zur Botschaft wurden.

Einer besonderen Erfindung bedurfte es für die Illustrierung der Postkarte eigentlich nicht. Man brauchte nur die Bilddekorationen von Geschäftspapieren, Reiseandenken, Bildgaben und Büchern auf das neue Format zu übertragen. Und auf diese Weise sind in den Kinderjahren der Postkarte auch die meisten ‹Vorläufer›, wie man die frühen Bildpostkarten bis circa 1890 nennt, entstanden. Bereits die erste amtliche Postkarte Belgiens war durch ihren allegorischen Bildschmuck auch eine Bildpostkarte. Wer wann und wo privat die wirklich allererste Illustration auf eine Postkarte brachte, war schon unter den Postkartensammlern der Jahrhundertwende ein nationaler Prestigestreit, dessen Nachhutgefechte heute noch andauern. Tatsache ist, daß allen Versionen ein legendärer Charakter anhaftet, da echte Nachweise nicht erbracht werden konnten. Die zur Zeit nachweislich erste Bildpostkarte vom 19. Mai 1871 stellt einen bedrohlich aussehenden Drachen dar – der Werbung machte! – und zwar in Wien für die serbische Zeitschrift ‹Zmai› (Drachen).
Genaueres weiß man über die Karten, die der Theologiestudent Ludolf Parisius nach seinen späteren Angaben schon 1872 in Göttingen teils selbst herstellte, teils auch drucken ließ. Zunächst soll er aus schöpferischer Faulheit die obligaten Glückwunschkarten an Verwandte und Bekannte, die er mit Zeichnungen zu belegen pflegte, hektographisch vervielfältigt haben. Als er Geld brauchte, bot er dem jungen Verleger Lange kleine Ansichten von Göttinger Wirtshäusern an, der damit die erste Bildpostkarten-Serie entstehen ließ. Es sind die ersten Bildpostkarten nach speziell für sie angefertigten Entwürfen und wahrscheinlich auch die ersten kommerziell entstandenen.

Typologie der frühen Postkarte

Interessanter als der Streit um den Erfinder der Bildpostkarte ist eine Betrachtung der Gestaltungsgeschichte der Postkarten-Bebilderung, die sich nach 1870 bis zur großen Blütezeit um 1900 nur langsam, aber in logischen Schritten vollzog. Sie begann mit dem bescheidenen Zudruck von Vignetten, also kleinen Illustrationen, von vorhandenen Druckstöcken, führte zu einer fortschreitenden Vereinnahmung der Korrespondenzseite durch das Bild und fand damit ihren Abschluß, daß in Deutschland am 1. Februar 1905 die seit 1900 vielfach übliche, ganzformatige Bebilderung offiziell sanktioniert wurde durch die Einführung eines Trennstriches auf der Anschriftseite, deren linke Hälfte nun als ‹Raum für Mitteilungen› dienen mußte. Eine Typisierung der ‹Vorläufer› ergibt sich in erster Linie aus der historischen Herkunft der Illustration und gibt eine Antwort auf die Frage: Woher und wie kommt das Bild auf die Karte? Daneben spielt auch die jeweils beabsichtigte Botschafter-Funktion der Karte eine Rolle. In der Mischung historischer und funktionaler Momente kann man – natürlich vereinfacht – folgende Typen unterscheiden:

Die Drucksachenkarte

Mit der Einführung der ‹offenen Karte›, wie sie amtlich genannt wurde, im Jahre 1865 war ein entscheidender Schritt in Richtung Postkarte getan worden. Im äußeren Erscheinungsbild und in der Funktion die Postkarte vorwegnehmend, unterschied sie sich von dieser fast nur noch in der postrechtlichen Behandlung. Durch die Beschränkung auf gedruckte Texte war sie praktisch auf den Geschäftsverkehr zugeschnitten, war also in der Regel eine Werbekarte. Wurde sie illustriert, wurde sie automatisch zu einer Werbekarte. Der unmittelbare Vorläufer der Bildpostkarte war also die illustrierte Drucksachenkarte. Der äußerliche Unterschied zur Bildpostkarte bestand darin, daß bei der Drucksachenkarte Adresse und Text noch auf einer Seite standen, während die Rückseite oft ungenutzt blieb. Illustrationen kamen einseitig, aber auch beidseitig vor (Abb. 6–8).

6
Einen echten Vorläufer, der allerdings zu spät kam, zeigt diese Karte: Als illustrierte Drucksachenkarte noch vor der Einführung der Postkarte entstanden, wurde sie erst 1872 befördert, als sie bereits mit den ersten Bildpostkarten konkurrieren mußte. Text und Adresse sind hier noch auf einer Seite untergebracht, da die Trennung in Adreß- und Textseite erst bei der Postkarte zur Regel wurde. Die Bebilderung beschränkt sich auf kleine illustrative ‹Vignetten›, die Rückseite blieb unbenutzt.
Federlithographie, gestempelt 1872
Druck: C. Schomer, Tilsit

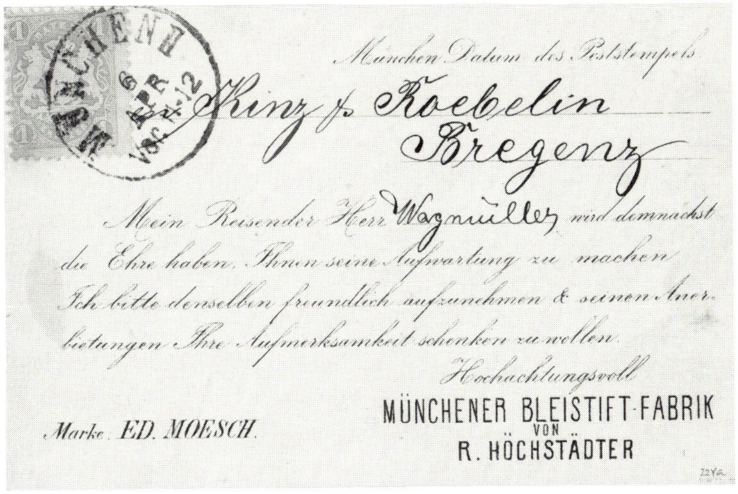

7
Um freundliche Aufnahme des Reisenden wird mit dieser Avis-Karte gebeten, die noch wie eine Drucksachenkarte aus der Zeit vor 1870 angelegt ist, jedoch wie eine Postkarte schon beide Seiten nutzt. Die Abbildung des Unternehmens war vor der Zeit der Postkarte fast das einzige Bildmotiv der Werbung. Die benutzte Briefmarke war zwischen dem 1. 7. 70 und dem 31. 12. 75 gültig.
Federlithographie
Druck: Brükner u. Co, München

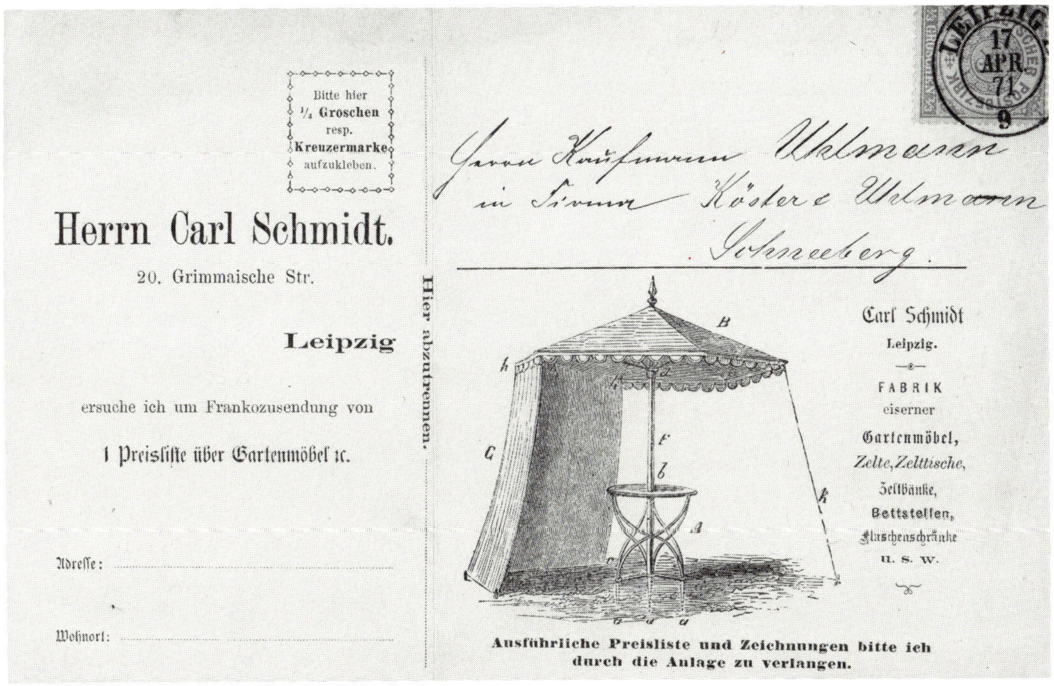

8
Optimal nutzte dieser Absender die zwei Seiten seiner nach der Einführung der Postkarte noch verschickten Drucksachenkarte: Beide Seiten sind nun auch mit Warenabbildungen im Anzeigenstil illustriert (auf der Rückseite mit einem Eisschrank), ein Teil wurde beidseitig als Antwortkarte gestaltet.
Holzstich, gestempelt 1871

Die Ansichtskarte

Orts- und Landschaftsansichten dominierten unter den frühesten Karten und entwickelten sich zum beherrschenden Typus in der Massenproduktion um 1900. Daher läßt sich an ihnen auch am klarsten die schrittweise Bebilderung der Postkarte nachvollziehen. Sie beginnt mit einer kleinen Vignette in der linken oberen Ecke, führt über zwei bis drei nebeneinandergesetzte Ansichten zum halbformatigen Einzelbild, gleichzeitig zum Potpourri-Arrangement des ‹Gruß aus›-Typus und schließlich zur formatfüllenden Abbildung. Die ersten Ansichtsvignetten stammten von vorhandenen Druckstöcken, ihre zaghafte Plazierung geschah aus Rücksicht auf die Korrespondenz, für die eigentlich die gesamte Seite vorgesehen war. In gleicher Bescheidenheit finden sich Stempelabdrucke oder aufgeklebte Bildchen unter den ganz frühen Karten. Schon ab 1874 sind auch halbformatige, speziell entworfene und dem Format angepaßte Abbildungen bekannt; sie kommen horizontal und vertikal, als Stiche, als Lithographien und ab circa 1885 auch als Rasterdrucke nach Fotos vor. Die Ausdehnung der Abbildung ging bis 1900 so weit, daß meist nur noch eine Zeile für den Text übrigblieb. Die ersten kommerziellen, mit großem Erfolg verkauften Ansichtskarten für Ausflugsziele waren zweifellos als Werbekarten gedacht und haben als solche gewirkt. Mit zunehmender Verbreitung und ihrer omnipräsenten Verfügbarkeit verloren sie ihre Werbeattraktion weitgehend zugunsten des persönlichen Erinnerungswertes und des Pflicht- und Beweisgrußes an die Verwandten.

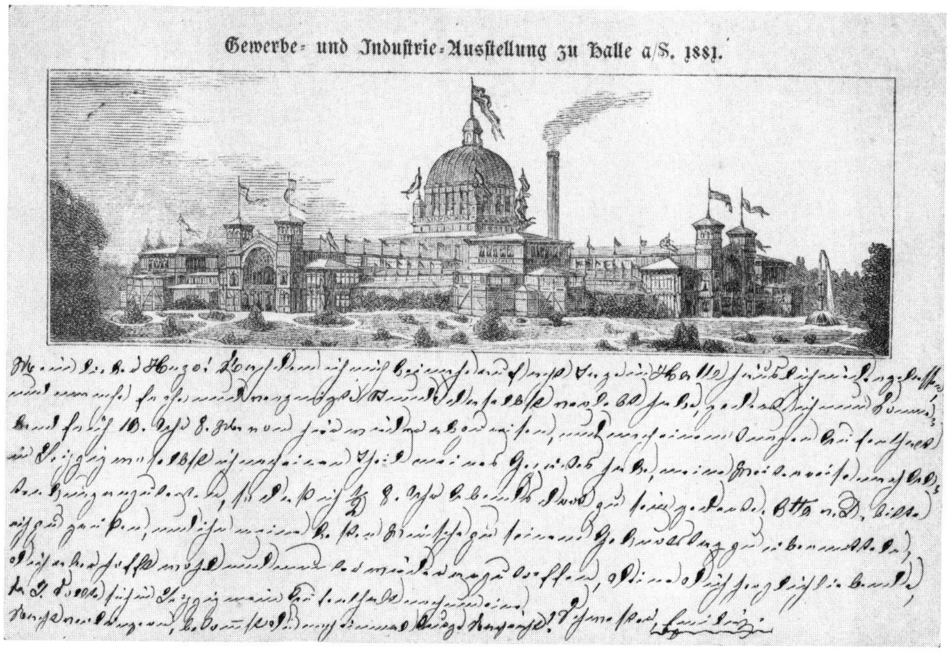

9
Auch die einfache Ansicht galt als anziehungskräftiges Werbemittel in einer Zeit, als Abbildungen von nahen und fernen Orten noch Seltenheitscharakter hatten. Imposante, aber kurzlebige Ausstellungsgebäude, für die man keine Kosten scheute, mußten besonders beeindruckend wirken; sie vermitteln heute noch eine Vorstellung vom gigantischen Aufwand, mit dem sich die aufblühende und auch schon unter starkem Konkurrenzdruck stehende Industrie zur Schau stellte.
Holzstich, gestempelt 1881

10
Der ‹Gruß aus›-Karte, mit Quodlibet-Komposition und als Farblithographie gedruckt, gehörte die Vorliebe der damaligen und heutigen Sammler. Die noch nicht so verbreiteten Ortsansichten werden hier mit der auf Geschäftspapieren schon üblichen Selbstdarstellung mit Geschäftsansicht und Preismedaillen kombiniert. Die abgebildete Medaille stammt von der Kunst- und Gewerbe-Ausstellung 1891 in Koblenz.
Farblithographie, um 1900, signiert ‹vom Moler›
Druck: Kunst-Anstalt Rosenblatt, Frankfurt

Die ‹Gruß aus›-Karte

Seit den 90er Jahren trug fast jede Ansichtskarte diese Grußformel vor dem Ortsnamen. Unter den heutigen Sammlern wurde sie jedoch zu einem Spezialterminus für eine meistens lithographische Gestaltung, die sich seit 1890 durchsetzte und in einer spezifischen, dem Format und der Funktion der Karte voll angepaßten, ästhetischen Bildkomposition ihren Höhepunkt fand. Man folgte dabei dem Quodlibet-Schema, indem man mehrere kleine Darstellungen mit dekorativem Rankenwerk verband und, von der linken oberen Ecke ausgehend, am oberen und linken Rand entlang arrangierte. So blieb eine fließend abgegrenzte Fläche für den Text. Wurde schön geschrieben, bildeten Text und Bild zusammen die optimale Ästhetik der ‹gelaufenen› Bildpostkarte. Die ‹Gruß aus›-Komposition wurde kurz vor 1900 zur vorherrschenden Form der Kartengestaltung, die auch für Motiv- und Werbekarten übernommen wurde (Abb. 10 und 11).

Die Glückwunschkarte

Von allen persönlichen, im Kalender festgelegten Glückwunsch-Anlässen hat das Neujahr die älteste Tradition. Deshalb findet es sich auch als erstes auf der Postkarte der 70er Jahre wieder. Zusammen mit dem Bildchenkult des Biedermeier konnte hier auf eine reiche Tradition von Glücks- und

11
Manche der einstigen Neuheiten müßten eigentlich eine Chance der Wiederentdekkung haben. Sie erscheinen nicht nur praktisch, sondern auch verführerisch, wie beispielsweise diese Schaukelwanne für das Baby. Mancher Kartophilist würde auch gern eine ‹Gruß aus›-Karte aus dem eigenen Dampfbad schikken…
Farblithographie, gestempelt 1898
Druck: Ritter u. Kloeden, Nürnberg

12
Mit der Kaiserfamilie selbst werben zu dürfen, war sicher ein werbewirksamer Vorteil für den Hoflieferanten, durch den sein Angebot an Brillantine, Reispuder und Kopfwaschwasser durchaus veredelt wurde. Indirekt warb er mit ‹Hohenzollern-Veilchen-Parfum› zugleich auch für die Dynastie selbst. Für ihre Produkte konnte sich die Firma Schwarzlose Söhne kein geeigneteres Werbeidol wünschen als Wilhelm II, dessen Zwirbelschnauzer mit dem Titel ‹Es ist erreicht› ein Markenzeichen seiner Politik und Lieblingsobjekt aller Karikaturisten geworden war.
Farblithographie, um 1900

Abwehrsymbolen zurückgegriffen werden. War das schriftliche und bildliche Glückwünschen bis ins Biedermeier noch eine Angelegenheit der begüterten und schreibkundigen Oberschicht, so wurde es durch die preiswerte und bildschöne Postkarte zu einem weit verbreiteten Volksbrauch. Im Geschäftsleben wurde das Neujahr gern benutzt, mit den Wünschen auch das Warenangebot in Erinnerung zu halten (Abb. 16).

Die Werbekarte

Aus verschiedenen Bereichen stammen die Bildlieferanten für die Werbekarte. Firmenansichten waren meistens schon als Druckstöcke für die Geschäftsformulare und Empfehlungskarten vorhanden. Ebenso konnten Warenabbildungen aus Drucksachen oder Anzeigen übernommen werden. Manche Reklame-Bildpostkarte entstand sozusagen zufällig durch die Verwendung von Markenzeichen und Firmenemblemen. Speziell dem Kartenformat angepaßte Gestaltungen wurden auch hier erst gegen die Jahrhundertwende üblich, allerdings weniger für den Geschäftsgebrauch als für die werbliche Nutzung der allgemeinen Postkartenbegeisterung und -sammelei. Dazu übernahm man weitgehend den Stil und die Vertriebsweise der Sammelbilder, die vom Einzelhandel seit langem zur Belohnung an Kunden verschenkt wurden. Dafür kamen vor allem malerische, genrehafte Bilderserien in Frage, die teils ohne, teils mit Werbezudrucken, oft nur mit dem Firmenzudruck abgegeben wurden. Der Genrecharakter und die Seriengestaltung der Sammelbilder war unverkennbar auch Vorbild für die anspruchsvoll konzipierten Sammelserien größerer Firmen. Da eine Seite der Karte immer noch für die Adresse reserviert war, beschränkte man sich für die Geschäftskorrespondenz meist auf halbformatige Abbildungen, um Platz für Mitteilungen freizuhalten. Bei zunehmender Verwendung werbegraphischer Entwürfe, die Bild und Text plakatmäßig integrierten, kamen auch formatfüllende Abbildungen vor, die als Drucksache verschickt werden konnten. Das wachsende Interesse spiegelt sich deutlich in der Zunahme der Anbieter: 1892 bezeichneten sich in Deutschland 25 Hersteller als Spezialisten für Reklamekarten, 1901 waren es 62 und 1904 bereits 109 (vgl. Pieske 1983, S. 91).

13
Mit der Glücks- und Schicksalsgöttin Fortuna, deren Füllhorn Reichtum versprach, während die rollende Kugel an ihre Unbeständigkeit erinnerte, empfahl sich der Bankier Carl Heintze am 25. 1. 1885. Die abgetrennte Karte war wohl Teil einer Geschäftsempfehlung.
Holzstich, gestempelt 1885

14
Ein Unikum unter den Vorläuferkarten ist diese politische Karikatur von 1876. Die Darstellung eines Jesuiten, der dem grimmigen und blitzeschleudernden Papst ins Ohr flüstert, bringt deutlich eine antiklerikale Haltung zum Ausdruck. Hintergrund ist der ‹Kulturkampf› Bismarcks, der mit dem Kanzelparagraph vom 10. 12. 1871 und dem Jesuitengesetz vom 4. 7. 1872 begann und die klerikale Vorherrschaft im Schul- und Kulturwesen beenden sollte. Gegen diese Gesetze hatte Papst Pius IX die Enzyklika ‹Quod numquam› erlassen.
Radierung, gestempelt 1876, signiert (OK)

15
Auf einer österreichischen 2-Kreuzer-Ganzsache von 1894 ist dieser Flacon abgebildet, der wahrscheinlich aus einer Anzeige übernommen wurde. Nach den Werbekarten der Zeit müssen Bade-Orte und ihre Mittelchen eine große Rolle für die Volksgesundheit gespielt haben.
Holzstich, gestempelt 1894

16
Als Neujahrskarte für 1899 entstand diese Karte im ‹Gruß aus›-Stil, auch wenn der Absender, der eine Besprechung der Karte wünscht, sie erst im April versandte. Die gleiche Karte existiert mit der Jahreszahl 1900.
Farblithographie, gestempelt 1899
Druck: Fritz Schneller u. Co, Nürnberg

17
«Zeit ist Geld» verkündet die allegorische Lichtbringerin, Göttin des Fortschritts und Leitgestalt der Gründerzeit. Sie erinnert vor allem daran, daß durch das elektrische Licht die Nacht zum Tage wurde und die industrielle Produktion gesteigert werden konnte. Für Verwaltung und Vertrieb der Massenproduktion brauchte der Handel wiederum Zeit und Geld sparende Maschinen... Unter den Vorläufern ist diese Karte wegen ihrer formatfüllenden Buntheit eine Ausnahme. Um diese Zeit dominierte noch die einfache, einfarbige Illustration. Außerdem mußte für die Korrespondenz Platz frei bleiben.
Farblithographie, gestempelt 1888

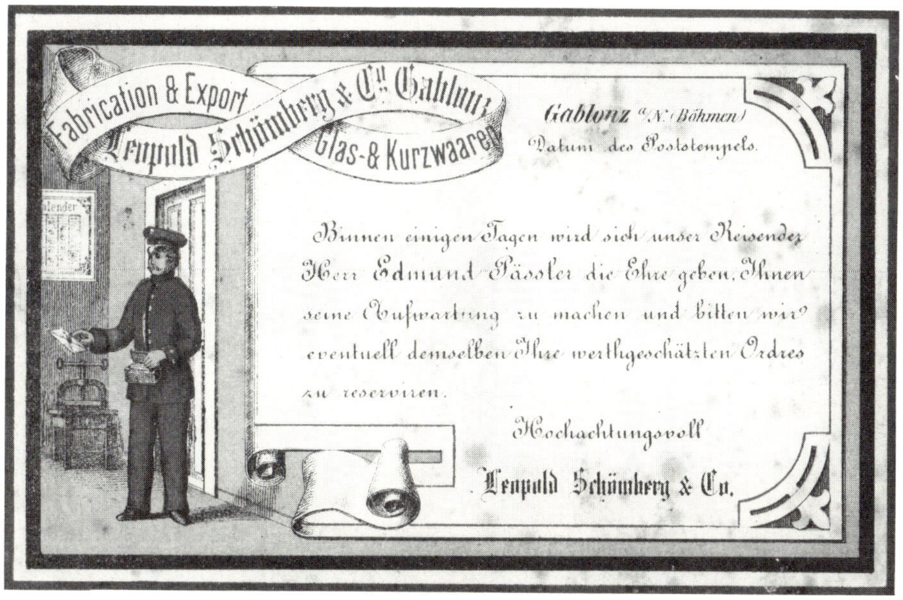

18
Bemerkenswert an dieser sehr frühen Avis-Karte ist ihre eigene Postkarten-konforme Gestaltung. 1878 teilte der ‹Glas- und Kurzwaaren›-Fabrikant Leopold Schömberg in Gablonz/Böhmen auf ihr mit, daß sich sein Reisender die Ehre geben werde, seine «Aufwartung zu machen», und bat, ihm die «werthgeschätzten Ordres zu reservieren». ‹Avis› sagte man in dieser Zeit im Geschäftsverkehr für Nachrichten und Anzeigen. Im Bild tritt ein Postbote auf, der seine eigene Vermittlerrolle darstellt. Die beidseitige Umrahmung ist einmal in den Farben Schwarz-Weiß-Rot (für das Deutsche Reich) und einmal in Gelb-Schwarz (für Österreich) ausgeführt.
Farblithographie, geschrieben 1878

19
Die Karte für die Deiningerschen Jauchepumpen zeigt die für die Jahrhundertwende typische Kompromißlösung für die Aufteilung von Bild und Text. Da eine Seite immer noch exklusiv der Anschrift vorbehalten war, wurde die Korrespondenzseite in eine Bild- und eine Texthälfte unterteilt. Mit dem hektographisch zugedruckten Avis-Text konnte die Karte als Drucksache verschickt werden.
Farblithographie, gestempelt 1906

Die Werbepostkarte zwischen ‹Gruß aus›-Ansicht und Sammelbild

Die ersten Reklamepostkarten waren Firmen-Ansichtskarten. Das erklärt sich aus der anfänglichen Vorliebe für Orts- und Landschaftsabbildungen ebenso wie aus der immer noch parallel vorhandenen Tradition, mit der Firmenansicht auf Briefbögen, auf Avisvordrucken und auf Firmen- und Notakärtchen sich selbst dar- und vorzustellen. Auch die erste Liebig-Serie zeigte 1872 die Fabrikansichten der Firma in Fray Bentos. Um die eintönige Wiederholung der immer gleichen Hauptansicht zu vermeiden, wurde diese zunehmend mit Detailansichten, Abbildungen von Produkten und erhaltenen Preisen, aber auch mit Ornamenten, Allegorien, burlesken Szenen zur Auflockerung und, wo immer sich ein Vorwand bot, mit den Porträts gekrönter Häupter geschmückt. Am Ende stand oft ein barockes Bildpotpourri in der Quodlibet-Manier mit zuweilen unfreiwillig komischem Sammelsuriumcharakter. Um dem Sammler-Kunden öfters etwas Neues bieten zu können, wurden einfach Einzelbilder ausgetauscht. Die Planung und Verteilung bildlich durchdachter Kartenserien wurden erst nach 1895 zur Selbstverständlichkeit. Dabei folgte das Bildarrangement vorwiegend der von oben links ausgehenden Bildkomposition des ‹Gruß aus›-Typus (vgl. S. 21). Manche Firmen übernahmen noch lange die pittoresken Märchen- und Geschichtsfolgen der Sammelbildserien auf die Postkarten und paßten sie teilweise der ‹Gruß aus›-Komposition an. Andere Serien-Hersteller gingen zu amüsanten, manchmal aktuellen Motiven über, die sie in enge Verwandtschaft zu der ungebundenen Ikonographie der Poesie-, Phantasie- und Glückwunschkarten brachte.
Die Bildgestaltung der Werbepostkarte ist nur thematisch ein Spezialfall in der allgemeinen Entwicklung der Postkarte, die ihrerseits wesentlichen Anteil an der allgemeinen Bildkultur hatte. Die Bilderbegeisterung der Jahrhundertwende war Ausdruck und Folge davon, daß Bilder das beherrschende Bildungs-, Kommunikations- und Prestigemedium ihrer Zeit darstellten: von Sammelbildern über Postkarten, Bilderbogen, Bilderbücher, Bildermappen und Erinnerungsgraphiken bis zum häuslichen Wandschmuck. Von den immer schneller und präziser arbeitenden ‹Bilderfabriken›

20
Eine typische Werbekarte um 1900: Die Illustration ist ohne graphischen Aufwand links ins Format gesetzt, um Platz für die Korrespondenz zu lassen. Die anekdotische Szenenschilderung entspricht ganz der illustrativen Detailfreudigkeit in den damaligen Witzblättern und auf Sammelbildern. Der Künstler bleibt immer noch anonym. Der biedere, fast karikierende Humor ist Ausdruck einer ironischen Selbstsicherheit, zu der auch das Absingen des Kaiser's Kaffee-Liedes zu der Melodie von «Deutschland, Deutschland über alles» gehört.
Eine spätere Auflage der Karte zeigt eine dekorative Kanne mit einem fröhlichen Gesicht und der Inschrift «über 1000 Filialen».
Farblithographie, um 1900

21
Ihre eigene Arbeitsweise als satirisches Witzblatt interpretieren hier die Lustigen Blätter mit einer Szene im Fotoatelier, in dem sich ein leibhaftiger Querschnitt durch die (Berliner) Bevölkerung versammelt hat. Eigentlich müßte das Blatt, das von namhaften Künstlern illustriert wurde, gar nicht karikieren, sondern nur – mit einem leichten Schelmenblick – fotografieren... Die Bildanordnung entspricht noch dem ‹Gruß aus›-Typus.
Farblithographie, signiert F. Jüttner (18)97
Druck: F. Priester u. Eyck, Berlin

konnte die Nachfrage problemlos befriedigt werden. Die billigen Arbeitslöhne garantierten eine noch handwerkliche Qualität. Die große Nachfrage verhalf sogar mancher schon unmodernen Druckmaschine zu langem Überleben.

Die Bebilderung des Postkartenformats mit einem oder mehreren Motiven war um 1900 soweit fortgeschritten, daß meist nur noch rechts unten eine kleine Blankostelle für die Korrespondenz ausgespart blieb. Aber schon gab es auch ganze Serien, die, oft in unverkennbarer Bildverwandtschaft zu den Sammelbildern, das ganze Format mit einem Bild belegten. Die Post trug dieser Entwicklung Rechnung, indem sie die Adreßseite in Deutschland seit dem 1. 2. 1905 in eine Anschriftshälfte und eine Korrespondenzhälfte teilte. Damit war offiziell der Weg für das formatfüllende Bild freigegeben, die ‹Gruß aus›- und Quodlibet-Kompositionen verloren ihren Sinn als spezifisches Gestaltungsmittel der Postkarte. Äußerlich hatte die Karte sich damit dem einheitlichen Aussehen der Sammelbilder angepaßt: eine Seite Bild, eine Seite Text. Im Falle der Benützung erhielt sie aber durch Frankierung und persönliche Beschriftung zusätzlich einen individuellen, einmaligen Charakter. Als schneller Bildbotschafter war sie nun noch offener für jedes Thema und jede Verwendung. Die Karten-Typologie folgt nun ganz der Botschafterfunktion und dem auf sie abgestimmten Bildtypus; es ergeben sich sechs Grundtypen:

- Die Ansichtskarte: meist in Serie aufgelegt, aber einzeln verkauft, häufig auch als Heftchen oder Leporello. Die um 1900 dominierende Farblithographie mußte um 1905 schon weitgehend den Massendrucken im Rasterverfahren oder in Mischtechniken weichen. Daneben hält sich weiterhin der qualitativ gute Lichtdruck. Lithographische, ganzformatige Serien mit malerischen Ansichten erscheinen nur noch in einigen spezialisierten Verlagen als signierte ‹Künstler-Karten›.
- Anlaß- oder Veranstaltungskarten für Ausstellungen, Feste, Treffen etc., fotografisch oder künstlerisch gestaltet, einzeln oder in ungleichen Serien, erfüllen meist die Funktion der Werbe- und der Erinnerungskarte.
- Die Werbe- oder Reklamekarte: mit direkter Werbung für Produkte, Leistun-

22
‹Spiel und Sport im Altertum› nannte sich die Kartenserie von Fritz Sauer in Berlin noch ganz in der informativ-belehrenden Tradition der Sammelbilder. Sie sollte nicht nur den Wissensdurst über die Antike stillen, sondern an das Sportler-Frühstück mit Haemacolade erinnern.
Farblithographie, um 1910
Druck: Akt. Ges. für Kunstdruck, Niedersedlitz

23
Eine Geschäftskarte, deren Bildhälfte künstlerisch in eine anspruchsvolle Gesamtgestaltung der Adreßseite integriert ist, benutzte die Firma Weck. Die andere Seite blieb frei für Mitteilungen. Bereits vor der Einführung des Teilstriches 1905 war die Adreßseite von Firmen für kleinere Illustrationen mitbenützt worden. Die künstlerische Gestaltung der Anschriftseite wurde sonst nur von wenigen Verlagen aufgegriffen.
Farblithographie, um 1910

gen, Unternehmen, als Einzelstücke oder Sammelserien, als Geschäftskarte oft mit Halbbild auf der Adreßseite. Im weiteren Sinne gehören auch alle Spielarten politischer oder weltanschaulicher Propaganda hierher.

- Die Glückwunschkarte: für persönliche (Geburts- und Namenstag) und Kalenderfeste (Neujahr, Ostern, Pfingsten, Weihnachten), fast immer aus Serien einzeln verkauft. Auf diesem Gebiete entfaltete sich in reichstem Maße die populäre, phantasievolle Bilderwelt der Symbole. Bei starken Qualitätsunterschieden in künstlerischer und drucktechnischer Hinsicht hielt sich noch lange die gute Farblithographie, oft im Prägedruck.
- Die Botschaftskarte, die ohne speziellen Anlaß mit dem bildlichen Textersatz vor allem persönlich bestimmte Mitteilungen, Erlebnisberichte oder Emotionen vermitteln soll, mit einem reichhaltigen Angebot an Poesie-, Freundschafts-, Jux-, Liebes-, Suff-, aber auch Beleidigungsmotiven, oft auch als Serie verschickt, entspricht vielfach der allgemeinen Vorstellung von Kitsch.
- Die Sammelserie: neutrale, immer passende Sujets wie Tiere, Landschaften, Genreszenen, aber auch Motivserien über Militär, Sport, Schiffe, Jagd etc., homogen und oft künstlerisch gestaltet, oft von Firmen als Sammelserien für die Geschäfte aufgelegt, jedoch ohne Werbung im Bild.

Die Werbung schleicht ins Bild

Die Rolle des Sammelbildes als Stimulator und Regulator des Konsumverhaltens darf sehr hoch eingeschätzt werden. Trotzdem blieb die Abbildung selbst unschuldig und unbeteiligt. So sehr die Landschaft oder die Szenerie arrangiert und idealisiert worden sein mag, die Werbung fand im Bild selbst nicht statt. Sie stand auf der Rückseite oder war, durch Ornamente sauber getrennt, an den Rand gedrängt. Aufdringliche Überredung war auch nicht Sache der Sammelbilder, als Belohnung für den schon erfolgten Kauf sollten sie vielmehr den edlen Spender in angenehmer Erinnerung halten. So hielten es auch die Postkarten, die zunehmend bei der Prämierung der Kundentreue an die Stelle der Sammelbilder traten. Man darf dabei nicht vergessen, daß öffentliche oder direkt adressierte Werbung um 1900

24
Ob sich die Werbung an der einsamen Almhütte gelohnt hätte, ist fraglich. Eher sollte die malerische Karte im Sammelbild-Stil den Kunden daran erinnern, sich auch für die Bergwanderungen ausreichend mit Cailler-Schokolade zu versorgen.
Farb-Rasterdruck, um 1910

noch von vielen Menschen als geschmacklose Frechheit und Belästigung empfunden wurde, da man sie ja nicht bestellt hatte und ihr nicht einmal ausweichen konnte. Zurückhaltung war am Platze. Die richtige, also künstlerisch speziell dafür präparierte Reklamekarte dagegen ergriff voll Partei und verkündete frech und offen ihre einzige Absicht: Stimmung zu machen, Waren zu verherrlichen, Entscheidungen zu beeinflussen.

Warum sollte ein Kompromiß zwischen dem diskreten Sammelbild und der agitatorischen Werbekarte nicht möglich sein? Es genügte ja, ein einziges Wort ins Bild aufzunehmen und damit dem Betrachter einzuprägen. Von der Bildwahl her meist sehr harmlose Karten bringen ihr Werbeanliegen auf scheinbar simple Art ins Bild, indem sie schlicht einen Namen in die Natur oder in ein unverfängliches Stilleben einkopieren. Vordergründig gibt sich die Methode bescheiden; erst beim zweiten Blick erkennt man die kleine, ins Bild geschobene Schrift, aber sie erreicht uns, zumindest auf der Abbildung, völlig unvorbereitet da, wo wir sie in stimmungsvollen Momenten am wenigsten erwarten: auf einem Berghüttendach vor den Alpengipfeln im Abendrot oder in der unberührten Schneewand im Hochgebirge: ‹Chocolat Cailler› (Abb. 24); oder aus den Mondstrahlen über einem einsamen Bergsee: ‹Regulin› (Abb. 25); oder in einem holländischen Stilleben: Matheus Müller's ‹Extra›!

Die visionäre Einblendung von Produkten in den Himmel oder in erhabene Naturkulissen hat einen recht prosaischen und auffälligeren Vetter. Dieser bewerkstelligt seinen Sprung in das unbeteiligte Kartenbild ganz beiläufig auf eine scheinbar selbstverständliche Art, indem er sich in Gestalt eines Konkurrenzmediums, etwa als Emailschild auf einer Scheune, als Plakat an einer Hauswand oder als Spruchband auf Rennplatz-Hürden und auf Brüstungen in Sportarenen in die Szene einfügt (Abb. 26). Sinn hat dieser Trick natürlich nur, wenn auf dem Bild gerade etwas Spannendes vor sich geht, das den Betrachter fesselt und ihm nebenbei auch das Produkt einprägt, das mit von der Partie war. Besonders beliebt wurde dieses Verfahren im Ersten Weltkrieg, da der Produzent auf diese Weise nebenbei öffentlich seine patriotische Gesinnung bekunden konnte, indem er Soldaten zur Stärkung mit Löwenbräu, Spatenbräu oder Leibniz-Keksen antreten ließ.

25
Stimmungsbilder dieser Art waren auch im Postkartenformat als Wandschmuck sehr beliebt. Darauf zählte der Hersteller des Abführmittels Regulin sicher mehr als auf die eventuellen Darmprobleme des einsamen Schiffers.
Farblithographie, gestempelt 1914

26
So harmlos fing es damals an – das spezielle Verhältnis von Sport und Werbung, das heute soweit gediehen ist, daß mancher Sport(ler) seine idol- und unterhaltungsträchtige Existenz nur noch den Werbebudgets verdankt. Die Einführung der Werbespruchbänder auf den Sportplätzen wurde von manchen Zuschauern als Zumutung empfunden. Auch der traditionell bildungs- und informationsgläubige Liebhaber der Sammelbilder und Postkarten mag die scheinbar dokumentarische Werbeeinblendung als Degradierung des Bildes zum Werbevehikel betrachtet haben.
Farblithographie, um 1910

Der Vertrieb

Anders als bei den ‹normalen› Postkarten, die schon vor 1900 in Kiosken, Papierwaren- und Buchhandlungen und von ambulanten Postkartenverkäufern, aber auch über die Werbung und den Versand in zahlreichen Postkartensammler-Vereinen verkauft wurden, stellte sich bei der Reklamepostkarte die Frage nach dem Weg ihres Vertriebs und ihrer Verteilung. Die wichtigsten Möglichkeiten lassen sich leicht rekonstruieren, doch bleiben für die Forschung sicher noch einige zu entdecken.

Die naheliegendste Möglichkeit bestand in der Benützung illustrierter Postkarten in der Geschäftskorrespondenz. Ein frühes, schon auf Massenwerbung zielendes Beispiel dafür bot die Firma Suchard, die schon in den 70er Jahren amtliche Blanko-Postkarten, d.h. solche mit aufgedruckter Briefmarke, mit Werbezudrucken als Geschäftskarte benutzte, aber auch in größeren Mengen unter dem Postpreis abgab, um ihre Verbreitung zu erhöhen.

Als eine eigene Gattung der Werbekarten kann man die Avis-Karten, d.h. die Ankündigungskarten für einen Vertreterbesuch, betrachten. Nach der Einführung der Postkarte war es naheliegend, die Avis-Texte auf die Ganzsachen-Karten der Post aufdrucken oder eigene Avis-Karten herstellen zu lassen. Die Möglichkeit, diese Karten auch zu illustrieren, wurde aber nur zögernd aufgegriffen, und dann wurden meist bereits vorhandene, im Schriftverkehr oder in Anzeigen benutzte Bildelemente verwendet. Eigens gestaltete Avis-Karten blieben selten und wurden erst im Zuge der großen, allgemeinen Emanzipation der Postkarten-Bebilderung um 1900 üblich.

Obwohl durch die Entwicklung des Rasterdrucks und die Einführung von Schnellpressen die Preise für Druckerzeugnisse deutlich sanken und Lohnkosten eher gering anzusetzen waren, blieb die Herstellung einer Farblithographie immer noch eine aufwendige Angelegenheit, die in erster Linie vom Geschick geübter Lithographen abhing. Eine bunte Litho-Karte war immer schon ein begehrtes Sammelobjekt, für dessen Erlangung der Liebhaber einiges unternahm. Daher konnten es sich die Unternehmen leisten, die Vergabe von Reklamekarten in der Tradition der Sammelbilder an den Kauf ihrer Produkte zu koppeln. Man wußte sehr wohl, daß eine gewisse Exklusivität einer Kartenserie, die nicht ohne weiteres zu komplettieren war, dazu beitrug, den Prestigewert des Produktes und den Sammlerehrgeiz zu erhöhen. Deshalb erhielten Einzelhandelsgeschäfte nur bestimmte Kontingente, die als Kaufanreiz für die treuen Kunden bestimmt waren.

Nicht selten war die Abgabe der Karten an den Kauf einer bestimmten Menge oder Handelseinheit eines Produktes gebunden; in ihrem Werbetext geben einige Postkarten selbst darüber Auskunft: Wollte jemand beispielsweise das sogenannte WI-VO-MAX-Spiel (bestehend aus zwei zusammenhängenden Postkarten, die als Vorlage für ein Würfelspiel zu benutzen waren, Abb. 33) erhalten, so mußte er eine bestimmte Menge der WI-VO-Margarine kaufen. Andere Kartenserien konnte man über die Einsendung von Verpackungsteilen oder aufgedruckten Gutscheinen direkt beziehen, so auch den aus sechs Postkarten bestehenden Abrißblock ‹Lebenslauf der Lena›, der von der Deutschen Maizena Ges. A.G. herausgegeben wurde. Die Karten aus Abrißblöcken sind an der Zähnung des oberen Randes erkennbar, sofern dieser nicht nachträglich beschnitten wurde.

Ein weiterer Weg war die Teilnahme an Preisausschreiben, für deren richtige Lösung man mit Postkarten belohnt wurde. Die Aufgaben waren natürlich so leicht gestellt, daß sich jeder als potentieller Gewinner betrachten konnte.

Zu überregionaler Beliebtheit brachte es die Firma Blumenschmidt in Erfurt auf diesem Wege: Für richtige Lösungen ihrer ‹Preis-Räthsel› in den Abreißkalendern 1901 und 1902 erhielt man 12 ‹Duftende Postkarten›, darunter eine mit leider nicht mehr zu erriechendem ‹Waldeshauch› aus sicher noch gesunden Wäldern.

Die Hersteller von Markensekt stellten den Lokalen gelegentlich Menükarten zur Verfügung, auf die eine abtrennbare Postkarte gedruckt war. Diese konnte – in fortgeschrittener Sektlaune – gleich im Lokal beschrieben und adressiert werden, um Verwandten oder Bekannten mitzuteilen, daß man es sich gerade mit dieser Sektmarke gutgehen ließ. Überhaupt gab es in der Zeit vor dem Ausbruch des Ersten Weltkrieges kaum ein Wirtshaus oder Lokal, das nicht mit einer eigenen Postkarte aufwarten konnte. Sie waren in der Regel als Fotoabzug oder als Lichtdruck gefertigt und zeigten die Hauptansicht des Gebäudes, oft auch seine Räumlichkeiten. Man konnte sie

27
Viele Werbekarten wurden speziell für Messen und Ausstellungen hergestellt. Man verschickte sie vorher als Einladungskarten gezielt an Kunden und Geschäftsfreunde, um ihnen die Auffindung des Standes zu erleichtern, verteilte sie aber auch während der Veranstaltung als Visitenkarte an potentielle Interessenten.
Farblithographie, um 1900, signiert (FW)

28
Ein Maximum an Information bietet diese Avis-Karte aus der Blütezeit der Postkarte: Herr J. D. Flügger aus Kiel gibt sich visuell schon im voraus die Ehre und führt sein gesamtes Warenarsenal vor, das er mitzubringen gedenkt, einschließlich der passenden Werbeschilder und des Bestellblocks.
Lichtdruck, gestempelt 1905

29
Als zusätzliche Schau-Attraktion überflog 1910 ein Parseval, einer der Pioniere der Luftschiffahrt, das Oktoberfest in München. Zur Erinnerung an diese damals noch sensationelle Vorführung wurden Postkarten abgeworfen, die den Flugapparat selbst beim Kartenabwerfen zeigten. Ein Abwurf-Stempel auf der Karte bestätigte dem glücklichen Finder mit einem ‹Gruß aus den Lüften› den Erhalt einer Luftpost. Den eigentlichen Zweck der Aktion zeigte jedoch eine als ‹Prämien-Schein› anhängende Antwortkarte an die Münchner Illustrierte Zeitung, die zum kostenfreien Bezug der ersten drei Oktober-Nummern berechtigte. Falls danach keine Abbestellung erfolgte, wurde im Abonnement weitergeliefert.
Rasterdruck, 1910

meist umsonst – anstelle einer Visitenkarte – oder aber gegen ein geringes Entgelt bekommen.
So wie wir heute noch in Illustrierten auf Anzeigen eingeklebte Postkarten finden, so konnten Sammler damals schon ihre Alben auf diese Weise bereichern. Um Abrißspuren oder Leimreste auf der Rückseite zu vermeiden, wurden diese Karten gelegentlich durch einen angebogenen Falz befestigt, von dem sie ohne Beschädigung abgetrennt werden konnten. Illustrierte Bestellkarten fanden sich natürlich auch, lose oder befestigt, in Versandkatalogen und Werbebroschüren.
Im Gegensatz zur meist kostenlosen Warenwerbung nutzten die Organisatoren von Veranstaltungen, vor allem bei Ausstellungen, die Sammelleidenschaft von Postkartenliebhabern als zusätzliche Möglichkeit, ihre Veranstaltung zu finanzieren. Die auf der Rückseite meist als ‹offizelle Postkarte› ausgewiesenen Ausstellungs-Karten wurden nicht selten als ‹Ganzsache› herausgegeben, das heißt, eine gültige Briefmarke war auf der Adreßseite bereits aufgedruckt. Als ‹offizielle Postkarten› galten nur die von der Ausstellungsleitung zum Verkauf auf dem Gelände zugelassenen und vorher meist durch einen Wettbewerb ausgewählten Karten. Bei einigen Großveranstaltungen, wie zum Beispiel der Bayerischen Gewerbeausstellung 1908 in München, erreichte das offizielle Postkartenangebot einen Umfang von über 100 verschiedenen Motiven. Für deren Vertrieb war ein eigenes Konsortium gebildet worden, und innerhalb der Messe fand sogar eine Ausstellung ausgewählter, als künstlerisch vorbildhaft beurteilter Postkarten statt. Selten war der kommunikativen Funktion und dem künstlerischen Anspruch des Mediums Postkarte, aber auch dem damals so starken Wunsch, sich mittels Postkarten ‹ewige Erinnerungen› zu erhalten, soviel geschäftliche und künstlerische Sorgfalt entgegengebracht worden.
Zahlreiche Möglichkeiten, in den Besitz einer Erinnerungs-Postkarte zu kommen, boten Wohltätigkeits-Veranstaltungen, beispielsweise die diversen Blumen-Tage der Jahrhundertwende, karitative Sammlungen und Spendenaktionen aller Art: Geschäfts- und Dankeskarten der Initiatoren (zum Beispiel Missionsanstalten) im freien Verkauf oder als direkte Gegenleistung für eine Spende, wie etwa die Willrich-Karten bei den Schulsammlungen des Winterhilfswerks.

30
Noch ganz in der Tradition der Sammelbilder steht diese Karte von Tengelmann. Bild und Werbetext stehen unverbunden nebeneinander. Das schöne, exotische Bildchen sollte Kundentreue belohnen, aber natürlich auch daran erinnern, daß Tengelmanns Kaffee die Verbindung zur exotischen Ferne herstellte.
Farblithographie, gestempelt 1900

31
Die ‹Special-Postkarten-Handlung Bediene Dich selbst› gehörte dem äußerst produktiven Postkarten-Verlag der Brüder Kohn in Wien (B. K. W. I). Auf den ersten Blick ein Traumland für Sammler, auf den zweiten Blick eine Katastrophe für das Portemonnaie. Der dienststrenge Herr in der Mitte überprüft in seinem ‹Kassa-Buch› mit Sicherheit den Schuldenstand seines Klienten. Kalkulationssichere Vermarkter der ‹antiken Postkarte› werden mit Leichtigkeit den sichtbaren Warenbestand in den heutigen Liebhaberwert umrechnen können.
Rasterdruck, um 1900
Verlag: B. K. W. I.

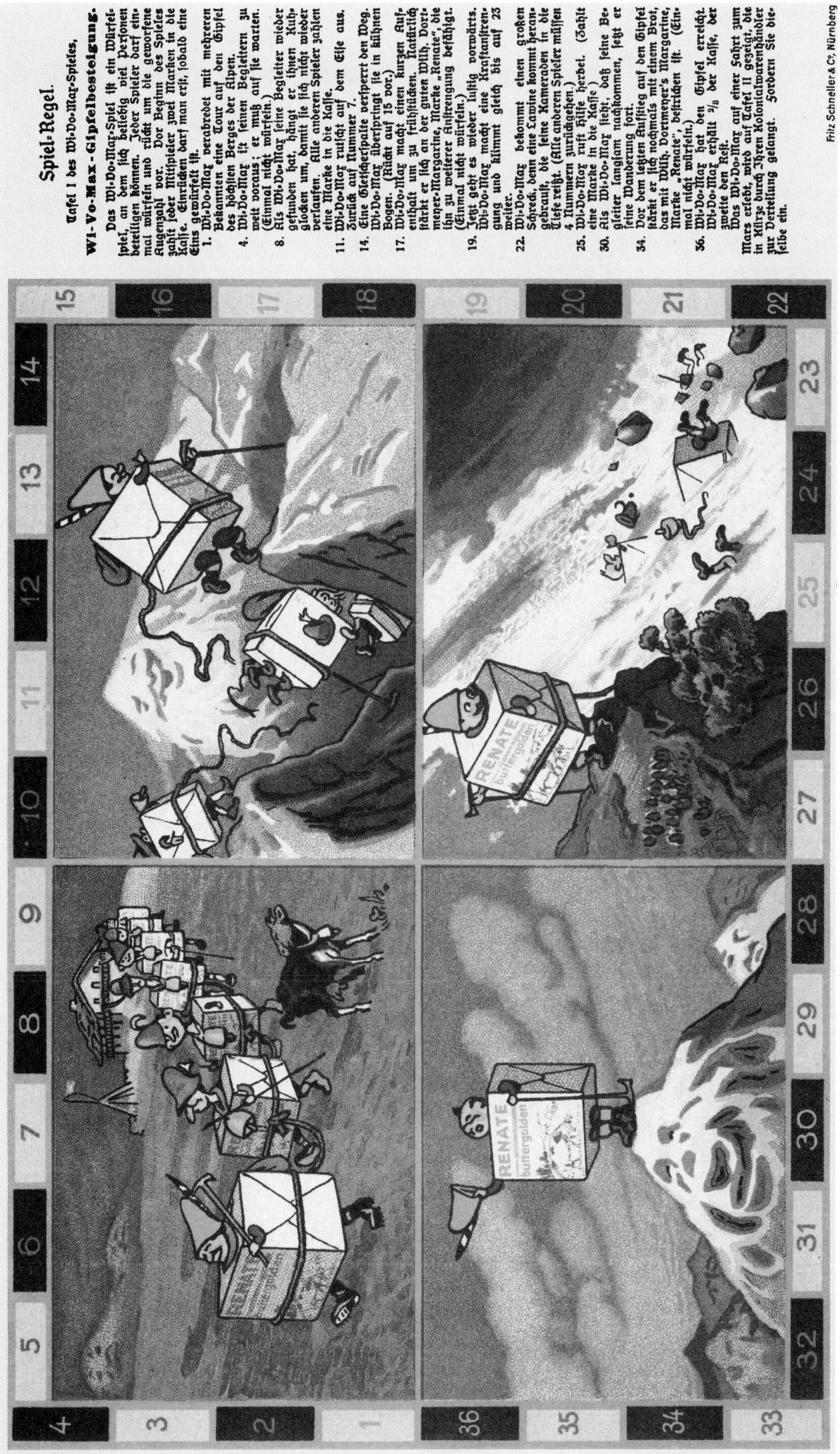

32
Wer an diesem Würfelspiel der Wi-Vo-Margarine keinen Spaß mehr fand, konnte sich die Bilder auf 2 Postkarten ausschneiden und verschicken.
Farblithographie, um 1910
Druck: Fritz Schneller u. Co, Nürnberg

Die Beliebtheit der Postkarte spiegelt sich nicht zuletzt in den unauffälligen Formen ihrer Verwendung. Prospekte und Werbezettel jeden Formats wurden immer schon privat oder über die Post in die Briefkästen verteilt. Eine gutgedruckte Künstlerkarte war dafür zu schade, aber eine einfache Werbekarte mit faksimiliertem, scheinbar persönlich geschriebenem Text konnte immer noch mehr Interesse erwecken als die Massendrucksache in Briefform. So ließ das Maggi-Haus in Wien 1913 eine mit einer Maggi-Briefmarke bedruckte Karte an die ‹sparsame Hausfrau in der Sommerfrische› verteilen, auf der ‹Mizzi› in sauberer Mädchenschrift daran erinnerte, den Einkauf von ‹Maggis Rindsuppen-Würfel› nicht zu vergessen. In gleicher Art faksimilierte Postkarten wurden sogar im Ersten und Zweiten Weltkrieg als Flugblätter in der Feindpropaganda eingesetzt.
Die aufwendigste Art, Reklamekarten, aber auch anderes Werbematerial zu verbreiten, besteht in der Organisation ‹inszenierter Realitäten›. Sportliche Wettbewerbe, Rundflüge, Feste, Ausstellungen oder kulturelle Veranstaltungen wurden von Werbeabteilungen geplant und/oder finanziell getragen. Das Image des großzügigen Mäzens, aber auch die anläßlich der Veranstaltung produzierten ‹Erinnerungen› sollten den Ruf eines Markennamens öffentlich bestätigen und festigen. Ein nicht unbedingt für die Postgeschichte, aber doch für die Geschichte des Postkarten-Vertriebs bemerkenswertes Ereignis war die ‹Kulm-Skiflugwoche 1959›. Dort beförderten die Skispringer als ‹1. Welt-Skiflug-Post› Werbekarten der Firma Underberg. Die Namen der Springer und die von ihnen erreichte Weite (zum Beispiel M. Bolkart mit 102 Metern) wurden auf jeder Karte bestätigt.
Einige Karten fanden schon in der Zeit ihrer Verbreitung als vorbildliche Musterexemplare Eingang in die Zeitschriften ‹Das Plakat› und ‹Gebrauchsgraphik›. Diese beiden Zeitschriften geben nicht nur einen interessanten Überblick über das gebrauchsgraphische Schaffen ihrer Zeit, sie enthalten auch verkleinerte Wiedergaben von Plakaten als Farblithographien. Im Rahmen redaktioneller Beiträge finden sich neben Vignetten, Etiketten und sogar auffaltbaren Verpackungen gelegentlich auch Reklamepostkarten als eingeklebte Beilagen.

33
Zum Massensport konnte das Postkartensammeln in dem am 1. 5. 1899 gegründeten ‹Postkarten Club München› nicht ausarten. Die im Jahre 1899 gezählten 40 Mitglieder, darunter fünf (Karten-) Verleger, vier Maler, ein Fabrikbesitzer und zwei Vorstandsmitglieder des ‹Weltverbandes Kosmopolit›, konnten sich einer gewissen Exklusivität sicher sein, obwohl diese keineswegs beabsichtigt war. An Geselligkeit fehlte es trotzdem nicht. Man veranstaltete am 3. 2. 1900 eine ‹Carnevalistische Unterhaltung›, und auf einem Ausflug am 24. 6. 1900 ins nahegelegene Schwefelbad Gauting sang man ein selbstkomponiertes Chorlied, in dem den Karten gehuldigt und über die ‹Cassen-Ebbe› geklagt wurde. Beide Veranstaltungen verewigte man natürlich auf Postkarten. Daß dem Klub trotzdem nur eine kurze Existenz beschieden war, lag wohl an den zu strengen Ansprüchen an die ‹schöne und sammelberechtigte Karte›. Man verbat sich die ‹wirklich völlig wertlosen Schundkarten› und ging sogar soweit, auch Reklamekarten als solche zu betrachten (vgl. Schmidt 1987 und 1988).
Rasterdruck, um 1900
Druck: C. Andelfinger u. Co., München

Der Postkarten-Sammelsport

Gegen Ende der 1890er Jahre entstand die erste große Sammlerbewegung für Postkarten. Die Sammler nannten sich Philokartisten und huldigten dem Postkartensammeln als einem neuen, nützlichen und lehrsamen Freizeitsport. Man organisierte sich in zahlreichen Vereinen, stellte Tauschkontakte bis in die entferntesten Winkel der Erde her und wurde so stark, daß sich die schon älteren Philatelie-Vereine bedroht fühlten. Die Vereine gaben sich wohlklingende Namen, die Internationalität zeigen sollten, zum Beispiel ‹Weltall› oder ‹Weltverband Kosmopolit›; letzterer war 1897 in Nürnberg von dem Kartenverleger Fritz Schardt gegründet worden, organisierte Ausstellungen (s. Abb. 5), gewann das «allerhöchste Protektorat Sr. k.k. Hoheit des Erzherzogs Eugen von Österreich und Ungarn» und stiftete zum 10jährigen Gründungs-Jubiläum ein Verdienstkreuz für seine rührigsten Mitglieder (vgl. Schmidt 1983).

Zwischen 1898 und 1902 gab es insgesamt 11 verschiedene Zeitschriften solcher Sammlervereine. In ihnen wurde neben den Berichten über Neuerscheinungen, Ausstellungen und Wettbewerbe viel vom Bildungswert der Ansichtskarten und ihrem exotischen Reiz geschwärmt, den sie als Reiseersatz ausstrahlten, aber auch vom Gedanken der Wertanlage ließ man sich inspirieren. Um 1900 wurden auch schon die ersten Klagen laut, von Niedergang und Geschmacklosigkeiten war die Rede: Das Angebot war unüberschaubar geworden, und die schnelle Billigproduktion überschwemmte den Markt mit drucktechnisch und ästhetisch minderwertigem Material, wozu man vor allem den phantasielosen, motivlich verflachten Fotokitsch zählte. Für die Unterbringung der eroberten Schätze stand den Sammlern ein reichhaltiges Angebot an Alben, Schatullen und sogar Blechdosen zur Verfügung. In der Blütezeit des Sammelns komponierte Paul Lincke 1898 einen ‹Kartensammler-Marsch›, und 1905 fuhr im Pariser Karnevalsumzug ein dem Kartenfieber gewidmeter Festwagen mit.

Das goldene Zeitalter der Postkarte

34
Karte zum Münchner ‹Gauklertag›, einem der legendären Faschingsfeste der Münchner Künstlervereine.
Farblithographie, signiert Otto Kopp
Druck: Lith. Anst. von Hubert Köhler, München

Bilderwelt um 1900

Um die Ikonographie alter Postkarten zu verstehen, muß man sich vergegenwärtigen, daß das kulturelle Bildungsgut der Jahrhundertwende noch wesentlich von historischen und literarischen Vorstellungstraditionen geprägt war. Begriffe, Namen und Figuren aus der nationalen Geschichte, der Literatur, der Märchenwelt und der christlichen Legendenwelt waren fester Bestandteil des Schulwissens und der Allgemeinbildung und hatten Symbol- und Vorbildcharakter. Wer in den Genuß humanistischer Bildung gekommen war, wußte zusätzlich Bescheid über den Symbolcharakter der klassischen Helden und Sagen der Antike. Das ungebrochene Selbstverständnis des ‹Kulturbürgers› fußte auf der Tradition dieser Werte und auf der Verpflichtung zu ihrer kontinuierlichen Weiterpflege. Neben dem Schulwissen war zudem noch eine mündliche Tradition lebendig, die ein ebenso konkretes wie symbolträchtiges Wissen über Tiere, Pflanzen und Natur vermittelte.
Die Bildhaftigkeit der europäischen Kulturtradition macht verständlich, daß es um 1900, als die technische Entwicklung eine maximale Steigerung der Farbdruckqualität und ständig wachsende Auflagen zu relativ mäßigen Preisen ermöglichte, zu einer noch nie dagewesenen und auch später nicht mehr erreichten Blüte des Bilddrucks und der Bilderkultur kam. Aus dem handwerklichen Druckgewerbe entstanden die sogenannten Bilderfabriken, in denen sich der Einsatz moderner Maschinen und die Handarbeit der kunstfertigen, aber bescheiden entlohnten Lithographen zur Kombination von Quantität und Qualität ergänzten. Als erste Massenmedien entstanden Zeitungen und Zeitschriften, die für landesweite und demokratische Verbreitung von Text- und Bildinformationen sorgten.
Die Vervielfältigung aller technischen Möglichkeiten durch die Elektrizität, Erfindungen und neue Verkehrsmittel drängten die Wirtschaft in der zweiten Hälfte des 19. Jahrhunderts in eine eigendynamische Beschleunigung und industrielle Expansion, die sie zum beherrschenden Faktor in Gesellschaft und Staat werden ließ. In eine nie gekannte Bewegung geriet auch das kulturelle Leben, wo sich die Triebkräfte der geistigen, künstlerischen und individuellen Emanzipation drängten. Den geistigen und

35
Mißtrauisch und voller Argwohn beäugt dieser Hahn seine Gluckenschar; sie alle sind mit den Farben der Firma Schoenfeld gemalt worden. Zweifellos wollte der anonyme Künstler die intensive Deckkraft dieser Farben bildhaft unter Beweis stellen.
Farblithographie, um 1910

36
Zwischen lodernden Flammen und fahlem Lampenschein läßt Leopold Metlicovitz eine Jugendstilgrazie für die Distillerie Italiane auftreten. Das Motiv existiert auch als Plakat.
Farblithographie, gestempelt 1906
Druck: G. Ricordi, Mailand

sozialen Ansprüchen der neuen Realität gegenüber verhielten sich Monarchie, Kirche, aber auch bürgerliche Parlamente als Träger der Staatsmacht und Hüter der ‹heiligen Güter› stur und verständnislos. So war der geistige und politische Zustand der ‹guten alten Zeit› gekennzeichnet von Spannungen und Widersprüchen. Illustrative Belege dafür bieten vor allem die politischen Werbe- und Gesinnungskarten dieser Zeit.

Betrachtet man das künstlerische Schaffen dieser Zeit im Querschnitt, so spiegelt sich dieser Zustand in einem scheinbar pluralistisch-friedlichen Nebeneinander einer faszinierenden Vielfalt künstlerischer Ausdrucksformen: in der Malerei die schillernd-sterilen Ausläufer der bürgerlichen Salon- und Akademiekunst (schwülstige Erotik, feierliche Nationalhelden, morbides Arkadien), daneben die verschiedenen Schulen impressionistischer Freilichtmalerei, daneben naturalistische Bestrebungen, daneben die bürgerlichen Erneuerungsabsichten in den Variationen des Jugendstils, daneben alle Stilrichtungen der Avantgarde zwischen Kubismus und Abstraktion, daneben Neo-Biedermeier in der Illustrationskunst und daneben oder dazwischen als ganz neues Metier die Werbekunst als Zweckkunst im Dienste der Warenanpreisung und Kundenverführung. Begabte Künstler und Talente der Zeit begriffen das neue Medium als künstlerische Herausforderung und wetteiferten mit Ambition um künstlerisch vollendete Lösungen, sei es für bestellte Auftragsarbeiten, bei Wettbewerben oder als eigenschöpferische Vorleistungen. Die aus den alten Abhängigkeiten und Sicherheiten emanzipierten Künstler mußten ihre Talente nun auf einem freien Markt und unter starker Konkurrenz selbst verkaufen. Chancen für Aufträge wurden in steigendem Maße von der Industrie, voran von der Lebens- und Genußmittelindustrie geboten. Die Werbung erlebte einen rauschhaften Aufschwung, der sich zwischen 1900 und 1910 auch in Hunderten von Büchern spiegelte, die über die erfolgreiche Kundenwerbung berieten und über neue Drucktechniken informierten.

Der Gebrauch von Postkarten hatte um 1900 ein solches Ausmaß erreicht, daß ihre Produktion und ihr Vertrieb zu einem volkswirtschaftlichen Faktor geworden war. Im Jahr 1900 waren in Deutschland circa 30 000 Personen mit der Herstellung von 750 Millionen Karten beschäftigt. In Leipzig, der Hochburg der Druck- und Papierindustrie, waren 25 auf Postkarten spezialisierte Firmen und 10 Fabriken für dazu passende Alben ansässig. Bei der Post wurden täglich im Durchschnitt 1 446 936 Postkarten eingeliefert (vgl. Lutz 1901). Durch ihr massenhaftes Auftreten wurde die Postkarte zu einem Phänomen der Alltagsästhetik und der Alltagskultur. Als Folge des ersten Entwicklungsschubes Anfang der 90er Jahre mit Landschafts- und Städteabbildungen hatte sich in Deutschland die Bezeichnung ‹Ansichtskarte› eingebürgert und erhalten, obwohl inzwischen alle denkbaren Arten von Abbildungen das Format ausfüllten. Eine unübersehbare Fülle an Glückwunsch-, Porträt-, Pflanzen-, Tier-, Scherz-, Ereignis-, Reklame- und Propagandamotiven war hinzugekommen. Die Wahl aus diesem Angebot, auch aus der Fülle der Ansichten, war eine ‹Ansichtssache› geworden, indem der Absender mit seiner Auswahl vor allem seine eigene Wertschätzung mitteilen oder auf die Einstellung des Empfängers eingehen wollte. Als logischer Sammelbegriff sollte deshalb ‹Bildpostkarte› oder, wie zum Teil in anderen Ländern üblich, ‹illustrierte Postkarte› benützt werden.

Allein die Tatsache, daß die Postkartenproduktion von 1895 bis zum Ende des Ersten Weltkrieges ein blühender Industriezweig war, macht glaubhaft, daß sich damals eine an das vorgegebene Format völlig angepaßte Bildkunst entfaltete, die man als eine letzte, populäre Blüte der abendländischen Ikonographie bezeichnen könnte. Diese Bildersprache diente freilich nicht mehr zur religiösen Erbauung oder zur Selbstverklärung des Adels, sondern der heiteren bis ernsten Kontaktpflege der Bürger untereinander. Gerade auf den Werbekarten manifestiert sich auch das junge, an die Öffentlichkeit drängende Selbstbewußtsein der bürgerlichen Geschäftswelt. Auch gesellschaftliche und politische Vereine und Organisationen begannen, mit Informationen und Propaganda die Öffentlichkeit zu beeinflussen.

Die auf Postkarten oft zutage tretende Trivialität, auch Kitsch genannt, ändert nichts am eigenständigen und spezifischen Charakter einer Postkartenkunst, die sich voll und ganz auf dieses Format und seine postalisch-kommunikativen Möglichkeiten eingeschworen und ein kleingraphisches Medium geschaffen hat, in dem sich zwischen Kunst und Kitsch das Können und Können-

37
Dieser Entwurf von Otto Eichrodt ist ganz auf die Postkarte vor der Einführung des Teilstriches abgestimmt: Ein Jugendstilornament umrahmt das Format und gliedert es in einen Bildteil und eine integrierte Schreibfläche. Die elegante Lösung verbindet das Sammelbild mit der Postkarte. Der Schwan war das Firmensymbol des Fabrikanten.
Farblithographie, um 1900, signiert O. E.
Druck: Künstlerbund Karlsruhe

wollen zahlreicher Künstler verwirklichte. Als Spielwiese ohne motivische und thematische Grenzen für Kunst und Kommerz entwickelt sich die Kartenkunst zu einem pluralistischen Natur-Blumengarten aller Stil- und Geschmacksrichtungen und hinterließ ein reichhaltiges Reservoir von Dokumenten für kunst-, geschmacks-, wirtschafts- und sozialgeschichtliche Betrachtungen.

Die Werbepostkarte zwischen Plakatkunst und Postkartenkunst

Das zweckdienliche und künstlerische Ideal der Plakatkunst lautete, plakativ zu sein, d.h. ohne Erläuterung und ohne Argumente so einprägsame Bilder zu finden, daß allein der visuelle Appell beim eiligen Passanten einschlug. Das künstlerische, aus den Sezessionen und dem Jugendstil bezogene Rezept und das stilistische Merkmal der Plakatkunst war die virtuos gehandhabte Reduktion der Objekte auf Fläche und Linien. Der Verzicht auf die dritte Dimension von Plastizität und Perspektive bewirkte automatisch eine Straffung und eine sinnbildliche Verdichtung der Gestalt auf wesentliche Aspekte. Keine andere Methode kam dem Bedürfnis der Werbung, zu stilisieren, zu symbolisieren und zu idealisieren, mehr entgegen. Die konsequente Reduzierung führte zu den Bildkürzeln der zwanziger Jahre, die als Ikonogramme und Piktogramme in typographische Kompositionen eingebunden wurden. Als einziges Gebiet der Kunst mit direkter Nützlichkeit für die Wirtschaft ist daraus die Gebrauchsgraphik als Dauergewerbe hervorgegangen. Gleichwohl haben auch andere Stilmittel, vor allem der Illustrationsstil, immer wieder in die Werbung Eingang gefunden.

Die Postkarte wird in der Plakatliteratur gern als die kleine Schwester des Plakats, die auf Reisen geht, abgetan. Diese Betrachtung beschränkt sich auf jenen zahlenmäßig bescheidenen, künstlerisch natürlich gewichtigen Anteil der Werbepostkarten, die direkt aus einem Plakatentwurf hervorgingen und als markante Einzelstücke in Umlauf kamen. Diese sowie unzählige andere, oft als Serien angelegte Karten, die nach den gleichen werbegraphischen Prinzipien entworfen wurden, ohne auch ein Plakat abzugeben, sowie die von der Postkarte voll weiterentwickelte

38
Jubiläumskarte zur Jahrhundertwende.
Farblithographie, signiert AS (Arpad Schmidhammer), gestempelt 31. 12. 99
Druck: Oscar Consée, München

39
Ohne Frage ist es die Überheblichkeit von Michelins Reifen-Protz (s. Abb. Nr. 253), die bei diesem Duell der Reifen-Giganten ein unrühmliches Ende findet. Der nun gleichermaßen gerüstete Dunlop-Fechter läßt ihm souverän die Luft aus den Schläuchen.
Farblithographie, um 1900, signiert (EK),
Druck: Döring & Huning, Hanau

Tradition der Sammelbilder markieren den Spielraum der Werbepostkarte während des ‹goldenen Zeitalters› der Postkarte, das natürlich zusammenfällt mit der großen Emanzipationsphase aller Techniken und Künste zwischen der Jahrhundertwende und dem Ersten Weltkrieg.
Der Vergleich Plakat–Postkarte bleibt unergiebig, solange man nur an die bildlichen Gemeinsamkeiten denkt, die sich ebenso auf die noch kleineren Reklamemarken erstrecken.
Man übersieht dabei völlig, daß im Vergleich zur immobilen Litfaßsäule und zur einmaligen Geschenkfunktion der Reklamemarken und der Sammelbilder die Postkarte eine weit vielfältigere Existenz führte und eine eigenartige und spezifische Funktion erfüllte als persönliches und doch offen befördertes Kommunikationsmittel mit postalisch fast unbegrenzter Mobilität: alltäglich adressierbar an jede Person an jedem Ort! Gerade als Werbeträger war die Postkarte daher weit vielgestaltiger und gezielter einsetzbar als das Plakat.
Ein großer Einfluß der Plakatkunst auf die Werbepostkarte ist unbestreitbar. Daß es zahlreiche Postkarten gibt, die ‹nur› verkleinerte Plakate wiedergeben, sagt trotzdem nichts über den völlig unterschiedlichen Charakter der beiden Formate in bezug auf ihre Wirkungsweise und ihre Einsatzmöglichkeiten. In der sprunghaft aufblühenden Werbegraphik erkannte man die Vorteile des einen und des anderen Mediums und nutzte jedes auf seine Weise. Dafür sprechen die Plakatentwürfe, die auf Postkarten in veränderter Ausführung erschienen, und vor allem die Tatsache, daß der Großteil der anspruchsvoll gestalteten Werbepostkarten als Sammelserien entstanden, die nie als Plakate gedruckt wurden. Dasselbe gilt für die Reklamemarken, die von jeder Firma, die etwas auf sich hielt, verteilt wurden, ohne daß davon auch Postkarten angefertigt wurden.
Als persönliche Botschaft aus dem Briefkasten mußte die Werbepostkarte nicht unbedingt plakativ sein, da sich der Empfänger in Ruhe auch mit dem Text auseinandersetzen konnte. Von allen Werbeträgern besaß die Postkarte die größte Flexibilität für die gezielte Ansprache von sozial oder lokal begrenzten Zielgruppen. Deshalb konnte die Gestaltung der Postkarte ganz den jeweiligen Besonderheiten der Angebote oder der Eigenart der Zielgruppe an-

40
Das Schweizer Plakatwesen erhielt seinen künstlerischen Anstoß durch die ‹Mono-Karten›. Diese Sammelbilder, etwa im Postkartenformat, wurden von Künstlern wie Cardinaux, Hohlwein, Mangold oder Moos gestaltet. Erst ihr Erfolg führte dazu, solche Motive auch im Großen, d.h. als Plakat zu wiederholen. Neben Mono-Karten entwarf Cardinaux auch Postkarten. Nach seinem ersten Plakat-Erfolg zeichnete er den Fuchs mit den Raben für den Schokoladefabrikanten Villars. Der Entwurf erschien als Postkarte und als Plakat.
Farblithographie, 1905, signiert Cardinaux
Druck: Benteli A. G., Bümpliz

41
In der heutigen Werbung undenkbar wäre der menschliche Humor, den diese Kosmetikfirma gewagt hat, um ihre Schönheitscreme einem schon betagteren, aber verständnisvoll verschworenen Paare schmackhaft zu machen. Während sich die Frau, ihrer Sache schon längst sicher, noch geschmeichelt ziert, scheint der Mann immer noch über den fraglichen Sinn der bevorstehenden Ausgabe zu räsonieren.
Rasterdruck, um 1910, signiert Van Dock
Verlag: A. C. Barbano u. Co, Casalmonferrato

gepaßt werden. So blieb die Werbepostkarte, wie allgemein die Postkarte, gerade in ihrer Blütezeit vor dem Ersten Weltkrieg völlig offen für alle künstlerischen Stil- und Geschmacksrichtungen und spiegelt deshalb wie kein anderes Medium die Vielschichtigkeit ihrer Zeit in ihrer Breite und mit ihren Höhepunkten wieder.

Die Postkarte als Sammel- und Serienbild

Bisher ist kaum beachtet worden, welch großen Einfluß die verbreitete Tradition der Werbegeschenke in der Geschäftswelt auf die Gestaltung der Postkarte ausgeübt hat. Die bunte Welt dieser Sammelbilder und ähnliche Druckerzeugnisse zur Unterhaltung der Kundschaft schuf mit ihrem malerischen, belehrsamen Bildstil einen Bilderhimmel auf Bunt-, Glanz- und Luxuspapier, der über Jahrzehnte hinweg die Vorstellungswelt von Kindern und Erwachsenen mitprägte.
Herausgeber der Sammelbilder waren die großen Unternehmungen der Nahrungs- und Genußmittelindustrie, unter denen die Hersteller von Schokolade, Kaffee und Zigaretten an erster Stelle standen. Pionier seit 1872 und unerreichtes Vorbild hinsichtlich der Druckqualität war die Liebig-Gesellschaft, die Fleischextrakt produzierte. Umfang und Methode der Verteilung von Sammelbildern in numerierten, zusammenhängenden Serien machten diese noch vor dem Plakat und den Postkarten zum ersten systematisch durchorganisierten Werbeträger. Die Wirkung lag nicht in der direkten Ansprache, sondern in der fast diskreten Verführung durch scheinbare Geschenke und dauerhafte Befriedigung der Sammelleidenschaft. Die Numerierung von Einzelbildern und Serien, der Umfang der Bilderfolgen, der bisweilen über 300 Motive pro Album erreichte, der beständige, aber behutsam gesteuerte Nachschub und eine ausgeklügelte Vertriebs- und Rationierungsstrategie zwangen den Bildchenliebhaber zu einer nahezu unbegrenzten Kundentreue. Taktisch wurden die Sammelbilder als Gratiszugaben und Treueprämien dargestellt. Man folgte hier dem alten Schulbrauch, gute Leistungen mit Fleißbildchen und religiösen Eifer mit Andachtsbildchen zu belohnen. Nachdem die Bildchen zuletzt allen Packungen einer bestimmten Größe beigelegt oder durch gestaffelte

42
Die praktisch denkende junge Frau hat sich für die nützliche Excella-Nähmaschine entschieden, die ihr als angenehme Beigabe ein Schachbrett beschert, an dem sie sich in Gesellschaft ihres eleganten Besuchers den wohlverdienten Feierabend versüßt.
Farblithographie, um 1910

43
Einen Volltreffer erzielt dieses Glücksschwein für eine Lotterie, die auf dieser Karte ein Maximum an Informationen und Verheißungen unterbrachte, sowie die Empfehlung: «Wenn Sie selbst dem Glücke die Hand nicht bieten wollen, so händigen Sie vielleich diese Karte einem Freunde aus.»
Farblithographie, gestempelt 1900

Gutscheine ersetzt wurden, fungierten sie praktisch als im Preis einkalkulierter Mengenrabatt. Die absatzfördernde Funktion der Bildchen kam allen Herstellern und allen Käuferschichten zugute: den teuren Produkten (Schokolade, Kakao, Kaffee, Fleischextrakt) stifteten sie einen zusätzlichen Verführungsanreiz, den einfachen Leuten schenkten sie Trost und Ersatzprestige beim Einkauf von Ersatzkaffee und Margarine.
Infolge der gleichzeitigen Verwendung von Sammelbildern, Kaufmannsbildern, Postkarten und Reklamemarken lag es nahe, daß es speziell bei Werbepostkarten zu Überschneidungen im Erscheinungsbild und zu gegenseitigen Anpassungen kam. Für den zunehmenden Einsatz der Postkarte als Sammelbild sprach ihre große Beliebtheit und der Umstand, daß sie nicht nur gesammelt und getauscht, sondern auch zweckmäßig zur Korrespondenz verwendet wurde, wodurch sich ihre Werbewirksamkeit wesentlich erweiterte.
In der Serienkarte überschnitten sich zwei Richtungen innerhalb der gleichen großen Bewegung: Der in allen Sparten der graphischen Kleinkunst betriebene ‹Sammelsport› war um 1900 zu einem Volkshobby geworden, das sogar die schon hochentwickelte Philatelie kurzzeitig in Existenzangst versetzte. Die eine Richtung widmete sich primär dem Sammelbild: es erlaubte ein auf Komplettierung zielgerichtetes Sammeln einer namentlich vorgegebenen, im Umfang überschaubaren, meist numerisch gegliederten und inhaltlich kohärenten Bildproduktion von vielen kleinen Serien (Liebig) oder wenig großen Serien (Zigarettenalben) mit enzyklopädischem Zuschnitt. Die Sammelalben der Serienbilder waren das Bilderlexikon des kleinen Mannes.
Ganz anders gestaltete sich das Sammeln von Postkarten. Sie mußten in der Regel gekauft werden, sei es für die Sammlung oder für die Korrespondenz. Da fast alle der ‹Kartenmanie›, einem kollektiven Fieber aus Lust und Zwang, verfallen waren, kam schließlich jede Familie in den Besitz einer wenn auch sehr gemischten Sammlung. Auch hier galt nun seit dem Beginn der Massenproduktion um 1900 das Gesetz der kleinen oder größeren Serien homogenen Charakters, wobei man automatisch die bei den Sammelbildern schon übliche 6er-Serie als Grundstein übernahm. Während die Verteilung der Sammelbilder

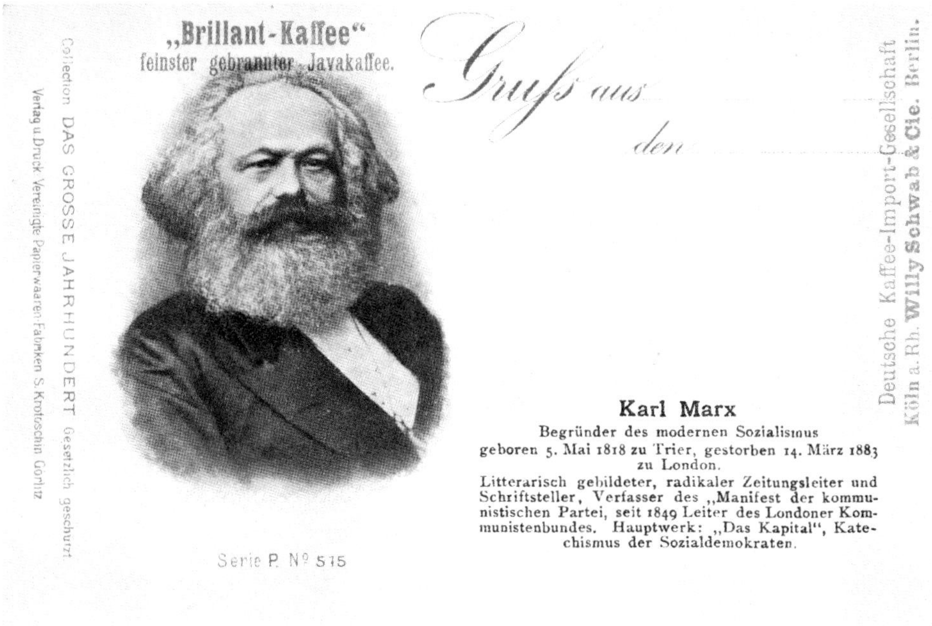

44
Mehr als 200 verschiedene Porträts konnten Sammler in dieser Serie zusammentragen, teils durch einfachen Ankauf, teils durch fleißigen Einkauf in Geschäften, welche die Serie verteilten.
Rasterdruck, um 1900
Verlag und Druck: Vereinigte Papierwaaren Fabriken S. Krotoschin, Görlitz

45–48 >
Ein spezielles Charakteristikum der Reklamepostkarte ist ihre Detailfreudigkeit. Die Kartenserie der Dürkoppwerke ist ein besonders treffendes Beispiel dafür. Amüsante Sketche, burleske Szenen, wie sie beim Umgang mit Dürkopp-Autos, -Nähmaschinen und -Milchzentrifugen vorkommen, laden zu einem heiteren visuellen Spaziergang ein.
Farblithographien, um 1910, signiert HG

durch das Vertriebsnetz der großen Firmen überall gesichert war, herrschte bei den Postkarten ein verwirrendes Durcheinander von lokalen und überregionalen Anbietern. Der Postkartensammler mußte aus der Fülle der Neuheiten und der unbegrenzten Vielfalt an Themen und Motiven seine persönliche Auswahl treffen. Das Postkartensammeln war und ist individualistischer als das der konfektionierten Sammelbilder, die voraussehbar ein abgeschlossenes Sammelwerk ergeben, während eine Postkartensammlung nur bei engster Festlegung den Zustand relativer Vollendung erreichen kann.

Bei genauer Betrachtung von Kartensammlungen stellt man fest, daß alle Karten entweder eine (manchmal sehr hohe) Einzelnummer, eine (manchmal untergliederte) Seriennummer oder einen Serientitel mit oder ohne Nummer tragen. Daran zeigt sich, daß man in der Postkartenproduktion voll und ganz das Serienmodell der Sammelbilder übernommen hatte, nicht aus werbe-, sondern aus verkaufstaktischen Gründen. Auch die einzeln verkaufte Karte hatte eine Nummer, die sie als Teil eines Ensembles ausweist und den Appell an den Sammler in sich trug, daß sie nach Erfüllung ihrer Botschafterfunktion eigentlich gesammelt und wieder in ihren ersten Zusammenhang gebracht werden wollte.

Aus der Art der Numerierung und der Verlagsangaben kann man schließlich, grob vereinfacht, drei Kategorien rekonstruieren:

Die erste Kategorie ist die ‹normale› Serie: Sie besteht aus sechs Karten und ist das Grundmodell aller Gattungen zwischen Fotokitsch-, Genre-, Glückwunsch-, Künstler- und eines Großteils der Ansichtskarten. Natürlich gibt es auch Serien aus vier, fünf (die beim Fotokitsch in Frankreich sogar der Normalfall sind), sieben (für die sieben Wochentage), zwölf oder mehr Karten, doch sind diese Ausnahmen begrenzt. Zu dieser Kategorie zählen auch die untergliederten Nummern aus Serien- und Kartennummern, die erkennen lassen, daß es sich um das ‹Sammelwerk› einer größeren Edition oder um eine laufende Produktion ähnlicher Serien handelt. Diese ‹normalen› Karten tragen fast immer das Impressum oder Monogramm eines der bekannten oder einschlägigen Verlage und wurden gewöhnlich im Geschäft oder Kiosk direkt an Kunden und Sammler verkauft.

Auch die zweite Kategorie besteht aus

‹normalen›, d.h. kommerziell angebotenen Karten. Aber schon die Numerierung verrät eine nähere Verwandtschaft zu den Sammelbildern: Ab Nr. 1 (oder auch 1001 wie bei Meissner und Buch) fortlaufend mit einer Einzelnummer versehen, sind sie Teil einer groß angelegten Serie, oder aber einer nach oben gänzlich offenen Edition, wie beispielsweise die des Schulvereins in Wien oder des extrem qualitätsbewußten Verlags Meissner und Buch in Leipzig. Bei letzterem handelt es sich allerdings um nicht unterteilte Seriennummern, die offen lassen, wieviel Karten zur Serie gehören. Für diese Produktionen gilt, daß sie von Anfang an als zusammenhängendes, in der Regel abgeschlossenes Sammelwerk konzipiert wurden. Zugrunde lag die Absicht, keine Tagesware zu produzieren, sondern ein auch in der Zukunft gültiges, sammelwürdiges Gesamtwerk. Bei Meissner und Buch mag die qualitative, beim Schulverein die ideologische, bei den ‹Jugend›- und ‹Simplicissimus›-Serien die künstlerische Überzeugung dafür richtungsweisend gewesen sein. Am aufschlußreichsten in dieser Sparte sind mehrere auf 200 bis 400 Nummern angelegte Folgen, die in Thematik und Gestaltung eindeutig Serienbild-Charakter verraten und die Funktion neutraler Kaufmannsbilder hatten, die nicht von den großen Markenfirmen stammten, sondern von den Bilderfabriken den Einzelhändlern für ihre Eigenwerbung offeriert wurden. So hatte Meisenbach und Riffarth in Berlin bereits 1897 eine solche Produktion zur Wiedergabe von Kunstwerken als Reklamekarten mit Goldrand schützen lassen. Ein Teil dieser Großserien oder Sammelwerk-Editionen war also bewußt so konzipiert, daß sie einerseits für den Direktverkauf geeignet waren, andererseits aber auch jederzeit samt Album von Firmen als Sammelbilder eingesetzt werden konnten und auch wurden. Der kleine Krämer sparte sich meist den Firmenzudruck und hielt sich dafür mit seinem Stempel oder seiner handschriftlichen Nota auf der Karte in Erinnerung.
Typisch für diese Sparte ist die natürlich ‹gesetzlich geschützte› ‹Collection Das große Jahrhundert›, gedruckt und verlegt von den ‹Vereinigten Papierwaaren-Fabriken S. Krotoschin, Görlitz› (Abb. 44). Die um 1900 gedruckte, auf über 200 Karten angelegte Auswahl von Fotoporträts aus allen Bereichen der Kultur und der Politik, ergänzt durch einen lexikalischen Text, wahrte den belehrend-bildenden Ton der Sammelbilder und nahm richtungsweisend das Konzept der späteren Zigaretten-Alben vorweg. Man findet diese Serie mit den Zudrucken verschiedener Firmen, zum Beispiel von der Kaffee-Gross-Rösterei H. Ludw. Peters in Köln a. Rh. für ihre feinste Mischung ‹Metropol Melange›. Die Firma wußte, was sich für einen Sammler gehört und lieferte auch das luxuriöse Sammelalbum, ebenfalls mit Firmeneindruck.
Als weitere Beispiele unter vielen für diese Freundschafts-Erhalter im Tante Emma-Laden findet man einige Serien mit den

49
Auf dieser Postkartenserie, die noch ganz im Zeichen der Sammelbilder steht, läßt die Fleischextrakt-Fabrik Cibils eine typische Pierrotgeschichte durchspielen. Hier ist das Produkt noch nicht in die Bildgeschichte miteinbezogen, jedoch unübersehbar in den Bildrand arrangiert. Im Gegensatz zu der aktionsgeladenen Dürkopp-Serie setzen die Cibils-Karten auf ihren zeichnerischen Reiz, der eher an die Damenwelt appelliert.
Farblithographie, um 1900
Druck: D. de Rycker & Mendel, Brüssel

50–52
Die konsequenteste Gestaltung einer Kartenserie ist zweifellos die als Fortsetzungsgeschichte. So ließ um 1900 eine Schweineschlächterei den Lebenslauf eines Schweines vom Stall zum Wurstkessel in sechs Etappen schildern, die sie auf Postkarten im Abstand von einem Monat an ihre Kunden verteilte. Farblithographien, ohne Impressum

beliebten Postmotiven aus aller Welt, die Serie ‹Marine-Galerie› mit 300 Schiffsansichten vom Einbaum bis zum Schlachtschiff, einige Ansichtsserien ‹aus aller Welt›, die Stereo-Ansichtskarten, Gemäldereproduktionen mit ‹Perlen der Kunst›, unter ihnen die umfangreiche Serie des renommierten Verlages Stengel in Dresden, und etliche Serien des Ersten Weltkrieges, die im Einzelverkauf offensichtlich stark vom patriotischen Rausch profitierten, aber als Werbegeschenk parallel zu den sinkenden Siegeschancen bald ihre Attraktivität verloren.
Die dritte Kategorie ist die wichtigste im Rahmen der werbetaktischen Sammelbild-Verwendung der Postkarte: Es sind die vielen kleinen und mittleren Serien, die nach ihrem Impressum von den Firmen selbst verlegt oder in ihrem Auftrag von ‹Bilderfabriken› gedruckt wurden und auf dem freien Markt nicht erhältlich waren. In Übereinstimmung mit ihrer Funktion als Kundenschmeichler tragen sie die Werbung in Form von Markenbezeichnungen oder Werbeslogans nur zurückhaltend zur Schau, manchmal nur auf der Adreßseite, da das Bild selbst voll zur Wirkung kommen sollte. Dafür sind die mit viel künstlerischer Raffinesse oder burlesker Phantasie inszenierten Bilder mancher Serien keineswegs neutral, sondern stellen suggestive Assoziationen zum Produkt selbst, zu seiner Funktion oder zum erhebenden Moment seines Genusses her. Von dieser Art sind die meisten Serien der großen Markenfirmen, die von hervorragenden Künstlern gestaltet wurden und zu den ‹großen Serien› gehören. Daneben existiert eine kaum überschaubare Menge von schwer zu katalogisierenden Serien, die wegen ihrer oft unauffälligen, sammelbildartigen Motivwahl (Landschaften, Genreszenen) unter den ‹normalen› Karten kaum auffallen. Über den Vertrieb dieser Serien ist wenig bekannt. Da sie sich aufgrund ihres Formates nicht mehr als Beipack-Bild eigneten, dürften sie hauptsächlich über den Ladentisch oder im Gutscheinverfahren verteilt worden sein. Einige Firmen boten ihre Sammelserien auch zum Kauf an, beispielsweise die Firma Kaiser's Kaffee, die um 1900 ein Mäppchen mit sechs Werbekarten für zehn Pfennig anbot.

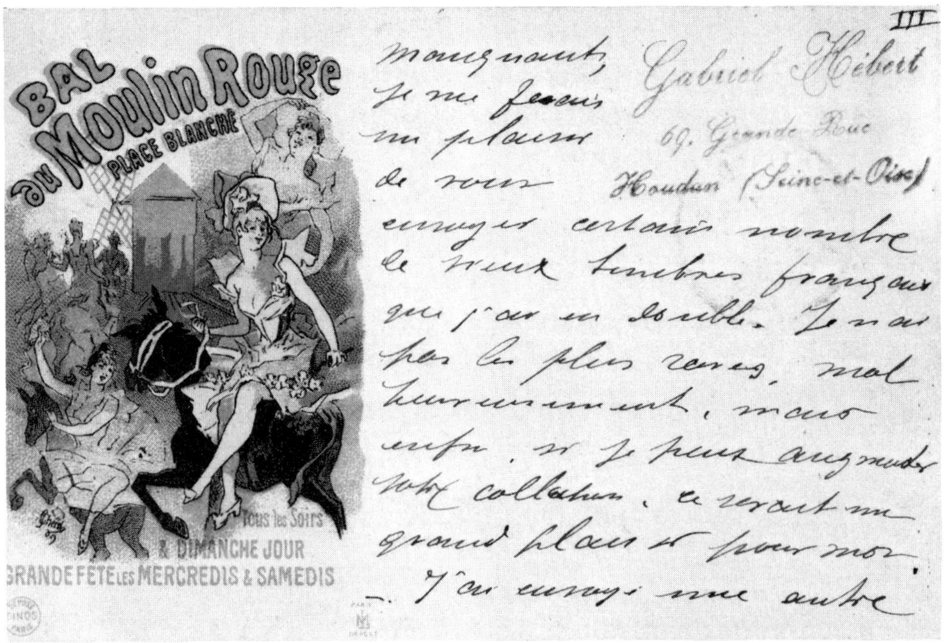

53
Edition Cinos
Farblithographie, 1898, signiert Cheret
Druck: ML

54
Cocorico
Farblithographie, um 1900, signiert Kupka

Die großen Serien

Der seit 1975 jährlich erscheinende Postkartenkatalog ‹Neudin – L'Officiel International des Cartes Postales› hat den erfolgreichen Versuch gemacht, neben der systematischen Erfassung der französischen Kartenproduktion auch herausragende Serien aus dem Ausland nach bestimmten Kriterien einzuordnen und zu bewerten. Dabei kristallisierten sich etwa 20 Serien heraus, welche die Franzosen ‹Grandes Series› nennen. Die Einstufung als ‹große Serie› wurde in erster Linie unter dem Aspekt der Berühmtheit der Künstler getroffen, aber auch die Seltenheit und der ästhetische Reiz dieser Karten spielen eine wesentliche Rolle. Unter den ‹großen Serien› fallen besonders einige umfangreiche Werbeserien auf, welche von Firmen und Verlegern herausgegeben wurden, die verschiedene Künstler zu einem Themenkreis oder Produkt arbeiten ließen. Während in Frankreich die ‹großen Serien› fast immer als komplette Großserien mit sehr homogenem Charakter in Umlauf gebracht wurden, wollen wir auch Editionen dazuzählen, die sich durch künstlerische Qualität und editorische Kontinuität auszeichnen, auch wenn ihr Erscheinen in längeren Abständen oder als (numerierte) Einzelstücke eines nach oben offenen Programmes erfolgte. Der persönliche Charakter dieser Serien kann von der Handschrift eines einzigen Künstlers oder von der gleichbleibenden qualitätsbewußten Editionspolitik einer Firma oder eines Verlages geprägt sein.
Der Gedanke, Postkarten in Serien und Folgen erscheinen zu lassen, basierte auf den langen und erfolgreichen Erfahrungen der Verleger und Fabrikanten mit den Sammelbildern. Da die Bevölkerung das Sammeln und Komplettieren beispielsweise der Liebig-Bilder beinahe als Volkssport betrieben, sahen die Fabrikanten einen ähnlichen Erfolg auch in der Herstellung von Postkartenserien voraus. Sie sollten recht behalten, obgleich sich die Bildinhalte zum Teil in Richtung ‹Künstlerentwurf› verschoben.

Edition Cinos (Abb. 53)

Zu den klassischen französischen Serien zählt die 1898 verlegte ‹Edition Cinos›. Sie stellt eine verkleinerte Wiedergabe von Plakaten und Titelblättern von Illustrierten dar, die von französischen Plakatmeistern entworfen wurden. Alle 36 Karten dieser Serie tragen auf der Bildseite den blauen Stempelaufdruck ‹Déposé Cinos Paris› der auf der Adreßseite in schwarz wiederholt wird. In der Regel nimmt das Bild weniger als die Hälfte der Kartenvorderseite ein. Bei den Postkarten von Alphonse Mucha beträg der Bildanteil zum Beispiel weniger als ein Viertel. Obwohl das Bildformat nun nicht viel größer als das einer Vignette ist, gehört die Edition Cinos zu den gefragten Postkartenserien, wohl auch deshalb, weil sie Entwürfe bedeutender französischer Plakatkünstler wie Toulouse-Lautrec, Jules Cheret, Eugene Grasset und Alphonse Mucha dokumentiert. So zeigt die Postkarte für das Moulin Rouge von Toulouse-Lautrec seinen ersten ausgeführten Plakatentwurf überhaupt, den er im Jahre 1891 für einen Ball im Moulin Rouge entwarf. Die Postkarte gibt diesen Entwurf etwas modifiziert wieder und reduziert den im Plakat dreimal wiederholten Schriftzug ‹Moulin Rouge›, wohl aus Platzgründen, auf einen einzigen. Von Jules Cheret, den man auch den Erfinder des Farbplakates nennt, zeigen die Karten der Edition Cinos insgesamt neun Arbeiten, wobei sieben Karten signiert sind, während die restlichen zwei Cheret zugeschrieben werden. Auch von dem tschechischen Maler und Graphiker Alfons Maria Mucha gab Cinos fünf Postkarten heraus, wobei vier dieser Karten die Schauspielerin Sarah Bernhardt in ihren verschiedenen Rollen zeigen. Die fünfte Karte ist eine Werbungskarte für die amerikanische Fahrradfabrik ‹Waverly Cycles›, die jedoch nur in einer sehr kleinen Auflage erschien.

Cocorico (Abb. 54)

Neben der Edition Cinos gibt auch die Postkartenserie der satirischen Zeitschrift ‹Cocorico› ein leuchtendes Beispiel für die vielseitigen Talente der Künstler vom Montmartre. Diese zwölf Postkarten geben die Titelseiten der monatlich erschienen Zeitschrift des Jahrganges 1898 wieder. Gut die Hälfte der Postkarten spielt mit Variationen in der Darstellung des krähenden Hahnes, der dieser Zeitschrift ihren Namen gab. Auf den Abbildungen tritt deutlich das ironisierende, karikierende Talent der Illustratoren in den Vordergrund, so etwa in der Zeichnung von Kupka, in der eine Jugendstilschönheit beim Verzehr ihres Früh-

55
Collection Job
Farblithographie, 1914, signiert
Atché

56
Collection Job
Farblithographie, 1914, signiert
George Meunier

56

57
Collection Job
Farblithographie, 1914, signiert
Firmin Bouisset

58
Collection Job
Farblithographie, 1914, signiert Chéret

59
Collection Job
Farblithographie, 1914, signiert A. Casas

60
Collection Job
Farblithographie, um 1914, signiert Cappiello

stückseis von einem bedrohlich wirkenden Hahn und einer Henne überrascht wird. Auch von Georges de Feure, der auf allen Gebieten des Kunstgewerbes tätig war und mit bürgerlichem Namen van Sluijters hieß, gibt es eine Arbeit für Cocorico, ebenso wie von dem sozial engagierten Théophile Steinlen und dem in Paris arbeitenden Tschechen Alphonse Mucha.

Collection Job (Abb. 55–60 und 191)

Der Star unter den französischen Reklameserien ist unbestritten die sogenannte ‹Collection Job›, die schon aufgrund ihrer damaligen Beliebtheit in mehreren Auflagen in unterschiedlichem Umfang aufgelegt wurde. Der Name JOB leitet sich von den Initialen des Firmengründers Jean Bardou ab, der zwischen 1895 und 1914 verschiedene Künstler damit beauftragte, Kalenderblätter und Plakate für JOB-Zigarettenpapier zu entwerfen. Wegen ihrer großen Beliebtheit entschloß sich Bardou diese Entwürfe auch als Postkartenserie herauszugeben, und so erschien im Jahre 1903 die erste Serie. Diese Postkarten sind im Querformat angelegt, das Bild befindet sich auf der linken Hälfte, während die freie Fläche in leichtem Farbton wie von einem Wasserzeichen von floralen Jugendstilornamenten durchzogen ist. 1911 erschien diese Serie in erweitertem Umfang, jedoch diesmal nicht als Lithographie, sondern im Rasterdruck. Da diese Auflage drucktechnisch unbefriedigend ausfiel, entschloß man sich, die letzte und zugleich umfangreichste Serie, die im Jahre 1914 erschien, wieder als Farblithographie herauszugeben. Diese Serie, die nun 30 Karten umfaßte, gilt als die prachtvollste, wobei die Abbildung nun zwei Drittel des jetzt gewählten Hochformats ausfüllte. Es sind insbesondere die Plakatentwürfe von Atche, Cappiello, Cheret, Meunier, Mucha und Rassenfosse, die aus dieser Serie herausragen. Unter den Wiedergaben der Kalenderblätter finden sich neben sehr schönen Beispielen französischen Jugendstils auch schwächere Belege. Am höchsten rangieren die beiden Postkarten von Alphons Mucha, wobei der als Kalenderblatt bezeichnete Entwurf zu einem Klassiker der Jugendstilreproduktionen geworden ist. Er wurde im übrigen auch als Plakat und in der Zeitschrift ‹La Plume› veröffentlicht. Herbert Schindler beschreibt diesen Entwurf folgenderma-

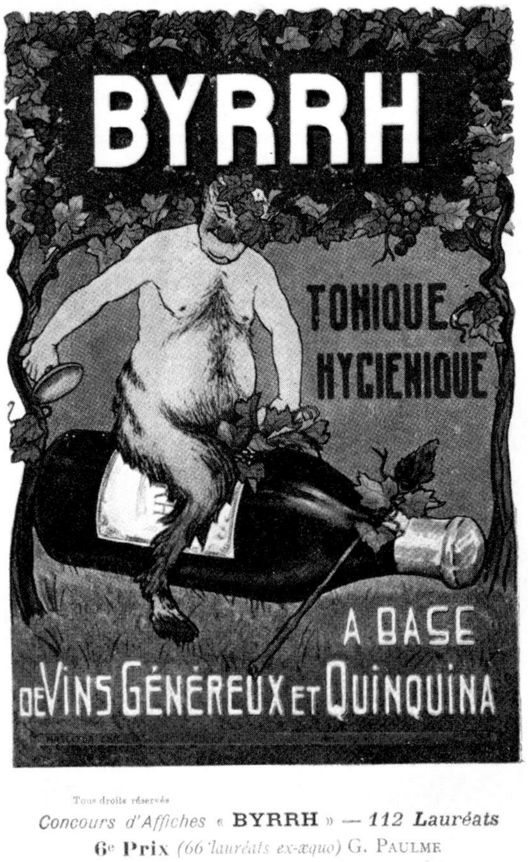

61
Byrrh
Rasterdruck, 1906, nach einem Entwurf von G. Paulme

62
Byrrh
Rasterdruck, 1906, nach einem Entwurf von H. Dufau

ßen: «Sie (die Affiche) zeigt uns eine Frauenhalbfigur von entrücktem, fast schmachtendem Gesichtsausdruck mit strähnig aufgelöstem goldenem Haar. Daß sie eine Zigarette in der Hand hält, also vom Nikotin berauscht ist, wird erst bei genauerer Betrachtung deutlich. Die Farbgebung ist von aufwendiger Pracht und sinnlicher Schwüle – Lila und Gold.»
Sehr plakativ wirkt auch die Postkarte von Georges Meunier mit einer jungen Frau, die sich verspielt eine Zigarette anzündet, während eine schwarze Katze zu ihr aufblickt. Der Hintergrund ist in leuchtenden Orange-, Rot- und Blautönen gehalten und verstärkt die eindringliche Wirkung dieses Entwurfes.
Leonetto Cappiello hingegen, der schon immer originelle und ausgefallene Ideen bevorzugte, präsentiert anstelle des bei den JOB-Entwürfen vorherrschenden Frauenmotivs einen weiß gekleideten Scheich, der mit verschränkten Beinen auf einem roten Sofa sitzend entspannt eine JOB-Zigarette genießt.
Die Collection JOB mag auch als Beispiel dafür gelten, daß um die Jahrhundertwende richtungsweisende Impulse von den Werbemethoden der Tabakindustrie ausgingen. Das liegt zum einen daran, daß ihr schon damals recht hohe Werbeetats zur Verfügung standen. Aber auch der Umstand, daß viele Anbieter ein fast identisches Produkt verkaufen wollten, mag sich fruchtbar auf die Qualität der Werbegraphik niedergeschlagen haben. Da die gleichförmige Produktgestalt eine persönliche Identifikation nicht zuließ, mußte diese ausschließlich über die optische Präsentation oder über imaginäre Leitbilder hergestellt werden. Daß die Zigarettenwerbung ausgesprochen innovativ war, läßt sich nicht zuletzt auch aus den zahlreichen anderen Werbeträgern wie Emailleschildern, Plakaten, Annoncen, bedruckten Aschenbechern und der Verpackung selbst ersehen.

Byrrh (Abb. 61–63)

Die Entstehung der Postkartenserie ‹Byrrh› geht auf einen Plakatwettbewerb im Jahr 1906 zurück, bei dem die Teilnehmer einen Entwurf für diesen Aperitif einreichen sollten, der folgende Worte beinhalten mußte: Byrrh – Tonique Hygiénique – A base de vins Généreux et Quinquina.
Es beteiligten sich viele prominente französische Graphiker, aber auch belgische und italienische Künstler an dieser Ausschreibung. Insgesamt gingen 113 Entwürfe ein, die von einer Jury in Preisgruppen von eins bis sechs eingestuft wurden. Den ersten und zweiten Platz teilten sich je zwei Künstler, auf den dritten Platz entfielen sechs Entwürfe, auf den vierten fünf, auf den fünften 31 und auf den sechsten Platz kamen schließlich 67 Entwürfe.
Da man nicht alle Einsendungen als Plakat drucken konnte, entschied man sich, diese als Postkartenserie herauszugeben. Mit insgesamt 113 und nicht, wie fälschlich auf den Postkarten angegeben, 112 Karten stellt der Wettbewerb Byrrh die umfangreichste Reklameserie dar, die ausschließlich auf Postkarten erschien. Gleichzeitig gehört sie auch zu den interessantesten Serien, zeigt sie doch, mit welcher Phantasie Künstler auf unterschiedlichste Art an diese Aufgabenstellung herangingen. Natürlich wurden auf den meisten Karten schöne Frauen als bevorzugtes Sujet gewählt, doch finden sich auch ausgefallene oder skurrile Motive:
Bacchus sitzt offensichtlich betrunken auf einer übergroßen Byrrh-Flasche; ein Schuljunge wird angetrunken mit einer Flasche Byrrh in der Hand von einem Dienstmädchen nach Hause geführt; ein Bernhardiner rettet einen vom Schnee Verschütteten vor dem Erfrierungstod, jedoch nicht mit dem zu erwartenden Rumfäßchen, sondern mit Byrrh; und selbst am Polarkreis machen sich muntere Eisbären über eine gefüllte Kiste mit diesem beliebten Aperitif her.
Zu den Stars dieser Serie gehören die Postkarten bekannterer Graphiker wie Maurice Denis, Félix Vallotton und Raphael Kirchner. Bemerkenswert ist jedoch auch, daß die nach heutigen ästhetischen Kriterien prächtigsten Postkarten nicht unbedingt in den oberen Preisgruppen zu finden sind.
Die Postkarten der Byrrh-Serie erschienen bereits im Vierfarbendruck, und obwohl diese Drucktechnik damals noch in den Kinderschuhen steckte, kann sich diese Serie in Druckqualität und Farbintensität durchaus mit den litographierten Karten dieser Zeit messen.

Die ‹Jugend› (Abb. 65)

Einen erheblichen Aufschwung brachte die Gründerzeit auch im Bereich des Zeitschriftenwesens mit sich. So sollen im Zeitraum zwischen 1888 und 1900 alleine in Deutschland über 2500 neue Zeitschriften ins Leben gerufen worden sein. Neben Publikationen mit politischer Intention, wie etwa dem ‹Simplicissimus› oder dem ‹Wahren Jakob› rekrutierte sich das Gros der Illustrierten aus Unterhaltungsblättern, von denen nur die ‹Gartenlaube› und die ‹Woche› als auflagenstärkste genannt werden sollen.

Viel frischer und frecher präsentierte sich dagegen die ‹Jugend›, um die sich in München die interessantesten Literaten und Künstler sammelten und die seit 1896 wöchentlich erschien. Für die Münchner Künstler war diese Zeitschrift ein ideales Forum, frei von akademischen Zwängen und offen für neue Ideen. Der Verleger, Georg Hirth, konnte als Leiter und Mitbesitzer der größten Münchner Zeitung, der ‹Münchner Neuesten Nachrichten›, auf Erfahrung und finanzielle Mittel zurückgreifen.

Die von der Jugend herausgegebenen Postkarten lassen sich in ‹Jugend-Künstlerpostkarten› und später aufgelegte ‹Jugend-Postkarten› unterscheiden. Gesprochen werden soll hier von den interessanteren Künstlerpostkarten. Sie erschienen 1898 und geben von verschiedenen Künstlern gestaltete Titelblätter der Zeitschrift wieder. Gleichzeitig reflektieren sie die bunte Palette des Jugendstilschaffens im Münchner Umkreis; wir finden u.a. die bekannten Namen von Christiansen, Dietz, Eckmann, Erler, Jank, Münzer, Paul, v. Stuck, Witzel und v. Zumbusch. Diese Karten erschienen in drei Serien à 25 Stück und sind neben dem Bild ausdrücklich als ‹Künstler-Postkarten d. Münchner illustr. Wochenschrift Jugend› ausgewiesen. Somit stellten sie auch eine Eigenwerbung für den Verlag dar.

63
Byrrh
Rasterdruck, 1906, nach einem Entwurf von L. Baeyens

64
Stollwerck
Rasterdruck, um 1900, signiert O.E. (Otto Eckmann)

Der ‹Simplicissimus› (Abb. 66)

Zu den bemerkenswertesten Kennzeichen der Zeit vor dem ersten Weltkrieg gehört eine Blüte der politischen Satire auf höchstem Niveau durch die Verbindung von sarkastischem Witz mit stilistischer Eleganz. Voraussetzung für diese Atmosphäre bot die innere und äußere Stabilität des Reiches bei gleichzeitiger Offensichtlichkeit der sozialen Mißstände und der militaristischen Selbstherrlichkeit des monarchischen Obrigkeitsstaates.

Als künstlerisch und intellektuell anspruchsvollste satirische Zeitung in Deutschland erschien seit dem 1. 4. 1896 in München der Simplicissimus. Ohne sich im Parteispektrum festzulegen, richtete sich sein scharfgeschliffener und doch humorvoller Spott gegen den autoritären Obrigkeitsstil, die selbstherrliche Bürokratie, den Dünkel des Militärs und die pharisäerhafte Moral einer spießigen Gesellschaft.

Unter der geistvollen Leitung des Herausgebers Albert Langen verband der Simplicissimus wie keine andere satirische Zeitung die lineare und plakative Eleganz des Jugendstils mit kritischem Witz und karikaturistischer Treffsicherheit. Zu den prägenden Mitarbeitern gehörten Thomas Theodor Heine, Rudolf Wilke, Bruno Paul, Eduard Thöny, Olaf Gulbransson und Karl Arnold. Auf die Darstellung der mondänen Lebewelt hatte sich Ferdinand Reznicek spezialisiert.

Die ungeschminkte und bissige Offenheit des Blattes brachte ihm den Ruf ein, pornographisch, revolutionär und sozialistisch zu sein. Im Laufe des Jahres 1898 wurde der Verkauf in Österreich und auf preußischen Bahnhöfen verboten. Die Konfiszierung der ‹Palästina-Nummer› im Herbst 1898 und die Verurteilung von Langen, Heine und Wedekind wegen Majestätsbeleidigung bewirkten einen erfolgbringenden Skandal, der die Auflage von 15000 auf 85000 Exemplare ansteigen ließ. Das Einschwenken auf eine chauvinistische Linie im Ersten Weltkrieg brachte einen Qualitätsverlust, von dem er sich trotz des engagierten Einsatzes von Karl Arnold in den 20er Jahren bis 1933 nie mehr ganz erholen konnte.

65
Die ‹Jugend›
Buchdruck, 1898, signiert O. E.
(Otto Eckmann)

66
Der ‹Simplicissimus›
Lithographie, um 1898,
Bruno Paul

Stollwerck (Abb. 64)

Die Brüder Stollwerck unter dem kunstverständigen Einfluß von Ludwig Stollwerck gehörten zu jenen Unternehmern, die die Ansicht vertraten, daß sich der hohe Qualitätsanspruch an die eigenen Produkte auch in der künstlerischen Qualität der Werbemittel wiederspiegeln müsse. So verstandene Werbung wollte nicht laute Überredung oder trickreiche Verführung, sondern publizistische Selbstdarstellung und selbstbewußte Imagepflege sein, die für sich selbst und damit auch für die Ware sprechen sollte. Auf dieser Linie hatte man schon eine lange und gute Erfahrung mit den Sammelbildern, die bei den Kunden längst ebenso begehrt waren wie die Schokolade bei den Kindern.
Bis 1896, als Stollwerck mit der Herausgabe anspruchsvoller Alben für die Sammelbilder begann, waren die Maler und Graphiker der Bildchen anonym geblieben; danach standen die Künstler namentlich für ihre Werke und damit für die Firmenmarke ein. Zwischen Warenproduzent und Künstler bestand so ein öffentliches, gegenseitiges Bestätigungsverhältnis, das auch nach außen verdeutlichte, daß es dem gesellschaftlichen Rang und den Möglichkeiten des bürgerlichen Unternehmers entsprach, die früher dem Adel und der Kirche zustehende Rolle des Auftraggebers der Künstler zu übernehmen.
Professor Emil Doepler d.J., der 1899 das Marken- und Schriftbild von Stollwerck dem Jugendstil angepaßt hatte, war auch der Organisator eines Wettbewerbes für die Gestaltung neuer Bilderserien. Zu den schließlich ausgewählten Künstlern gehörten unter anderen Otto Eckmann, Franz Jüttner, Elli Hirsch, Richard Knötel, Walther Leistikow, Max Liebermann, Adolf Menzel, Josef Sattler, Franz Skarbina, Franz Stassen und Heinrich Vogeler.
Dank des Dreifarben-Rasterdruckes war es technisch möglich, das Kleinformat der Sammelbilder (sogenanntes Automatenformat, 8,8 × 4,8 cm) auf fotomechanischem Wege dem Postkartenformat anzupassen. 1902 erschien auch ein eigenes Album mit Seriennumerierung für 144 Karten.

67
Bahlsen
Farblithographie, 1914, signiert Aenne Koken

68
Bahlsen
Farblithographie, um 1912,
Mela Köhler

69
Bahlsen
Farblithographie, um 1910,
Mela Köhler

Bahlsen (Abb. 67–69)

Die Bedeutung einer künstlerisch ansprechend gestalteten Werbung ging auch bei der Firma Bahlsen Hand in Hand mit der Erkenntnis, daß sich gute Werbung in jedem Fall auszahlt, und so schrieb die Firma Bahlsen in ihren ‹Leibniz-Blättern› im Jahre 1913 folgendes: «Man macht sich im Publikum sowie in Abnehmerkreisen oft eine ganz falsche Vorstellung von der Art der Entstehung unserer künstlerischen Reklame. Wir begegnen noch oft der Ansicht, daß wir einige Künstler im Hause haben, die sich lediglich mit uns beschäftigen. Das ist nicht der Fall; und es wäre auch nicht das Richtige. Wenn wir in unseren künstlerischen Bestrebungen frisch und gesund bleiben wollen, müssen wir immer neue Zufuhr von außen haben. Wir müssen mit mehreren und verschiedenartigen Künstlern arbeiten. Erstens eignet sich nicht jede Arbeit für alle. Außerdem verschaffen wir diesen Mitarbeitern durch entsprechende Zusammenstellung gegenseitige Anregung. Nur auf diese Weise war es uns möglich das zu bringen, was wir bislang brachten. Um ein ungefähres Bild von der Handhabung zu geben, lassen wir hier die Namen derjenigen Künstler folgen, welche gegenwärtig für uns tätig sind.»
Aufgeführt werden im folgenden die Namen von Peter Behrens, Julius Dietz, Mela Köhler, Ludwig Hohlwein, Otto Czeschka und Aenne Koken.
Die Postkarten der Firma Bahlsen gehörten zweifellos mit zu den bemerkenswertesten, und mit der Ausnahme von Peter Behrens haben alle oben genannten Künstler Serien für diese Firma entworfen. Sie entwarfen aber auch hervorragende Verpackungen aus Blech und Porzellan, Plakate und Vignetten.
Der Gründer der Bahlsen Keks-Fabrik in Hannover, Hermann Bahlsen, war selbst ein kunstbegeisterter Mann und inter-

essierte sich auch sehr für die altägyptische Kultur. So wurde das Firmenlogo TET aus dem ägyptischen Zeichen abgeleitet, das für dauernd und ewig steht. In der Postkartenserie von Mela Köhler dominiert dieses Zeichen im Hintergrund als Tapetenmuster, während im Vordergrund exotische Frauen aus fernen Ländern abgebildet sind. Auch aus den frühen dreißiger Jahren existiert eine interessante Variante dieses Zeichens, das hier zum Zentrum einer typographischen Schriftgestaltung wird.

Kupferberg (Abb. 70–73)

Einen ebenfalls hohen Anspruch an die graphische und künstlerische Qualität seiner Werbung vertrat das Haus Kupferberg. Während es seine Zeitschriftenanzeigen von bekannten Graphikern wie Ernst Deutsch, Emil Preetorius, Thomas Theodor Heine und Julius Gipkens gestalten ließ, übertrug es Entwürfe für Postkarten den Mitgliedern des Karlsruher Künstlerbundes. Diese schufen im Zeitraum zwischen 1904 und 1908 annähernd 20 Postkarten für die Sektmarke ‹Kupferberg Gold›, die unter dem Motto ‹Lebensfreude› standen. Die Ausführung besorgte die der Künstlervereinigung angeschlossene ‹Kunstdruckerei Künstlerbund Karlsruhe›. Da die Mitglieder des Karlsruher Künstlerbundes schon bei früheren Postkartenserien damit geworben hatten, daß sie ihre Entwürfe ausschließlich selbst auf den Stein zeichneten, kann davon ausgegangen werden, daß es sich auch bei den Karten der Firma Kupferberg um Originallithographien der betreffenden Künstler handelt. Zu den herausragenden Entwürfen zählen die Postkarten von Hans v. Volkmann, Ivo Puhonny und E.S. v. Sallwürk. Aber auch Fritz Lang, der bedeutende Regisseur der Filme ‹Metropolis› und ‹M›, trug einen Entwurf zu dieser Serie bei. Zu der großen Sorgfalt, mit der diese Postkarten hergestellt wurden, gehörte auch, daß sie mit einem angebogenen Falz versehen waren. An diesem waren sie vermutlich in Zeitschriften eingeklebt und konnten so herausgetrennt werden, ohne Schaden zu nehmen.

70
Kupferberg
Farblithographie, um 1906,
signiert Fritz Lang

71
Kupferberg
Farblithographie, um 1907,
signiert Ivo Puhonny

72
Kupferberg
Farblithographie, 1908, signiert
H. Eichrodt

73
Kupferberg
Farblithographie, 1906, signiert
E. S. v. Sallwürk

Die großen Zentren: Wien, München, Berlin

Wien um 1900

In Wien war bis etwa 1895 auf dem Gebiet der künstlerisch gestalteten Werbegraphik eine ähnliche Situation gegeben wie in den deutschen Metropolen: Es herrschte nach wie vor der handwerklich geschulte Lithograph, der seine Entwürfe gerne mit historisierenden Elementen wie Schnörkeln, Putten und Allegorien überlud. Diese Lithographen arbeiteten in der Regel als Angestellte in Druckereien und verrichteten Auftragsarbeit. Der größte derartige Betrieb in Wien war die Druckerei Weiner, die eine Monopolstellung in der Fertigung von Plakaten innehatte, ihre Arbeiten erreichten damals jedoch bestenfalls Mittelmaß. Der sogenannte Künstlerentwurf, wie ihn bereits zwei Jahrzehnte zuvor Chéret in Paris geliefert hatte, existierte hier noch nicht.

Die Ideen und der Anstoß für eine neue Entwicklung kamen von einer Gruppe von Malern und Architekten, die sich regelmäßig in einem Kaffeehaus trafen, um ihre Gedanken zum Kunstschaffen zu diskutieren: Hoffmann, Kainradl, Karpellus, Kurzweil, Moser, Olbrich und Pilz, die sich die ‹Gruppe der Sieben› nannten. Im Jahre 1897 gründeten sie die Wiener Sezession mit der Absicht, reformierend auf Kunst, Architektur und Kunsthandwerk einzuwirken. Grundlegend neu in diesem kunstpolitischen Konzept war die Einbeziehung des gesamten Kunstgewerbes, das einer umfassenden, stilistischen Erneuerung zugeführt werden sollte. Programmatisches Sprachrohr war die Zeitschrift ‹Ver Sacrum›.

Für diese Zeitschrift gab man auch eine Serie von 14 Postkarten heraus, von denen elf Koloman Moser gestaltete, eine Adolf Böhm und zwei Joseph Hoffmann (Abb. 77 und 78). Über diese Karten schreibt G. Kaufmann (vgl. Lebeck 1979): «Postkarten gaben auch einige jener Verlage heraus, deren Zeitschriften Vermittler der künstlerischen Bestrebungen des Jugendstils waren. Zu erwähnen sind nicht nur die ‹Jugend› und der ‹Simplicissimus›, sondern auch ‹Ver Sacrum›, für das dessen Illustrator Koloman Moser (1868–1918) anläßlich der ersten ‹Großen Kunstausstellung der Vereinigung bildender Künstler Österreich Secession› 1898 eine Reihe Postkarten schuf, die Reduktionen des Buchschmucks

74
Als der Österreichische Flottenverein versuchte, mit dieser Benefizveranstaltung Gelder für den Ausbau der Flotte zu sammeln, lagen spürbare Spannungen bereits in der Luft. Nur wenige Monate später wurde das Attentat von Sarajevo auf den Habsburger Thronfolger Franz Ferdinand und seine Frau zum Auslöser für den Ausbruch des Ersten Weltkrieges.
Farblithographie, 1914
Druck: Paul Gerin, Wien

75
Die Szene dieser Karte erinnert daran, daß sich schon Mars gern in Begleitung der Venus, der Göttin der Schönheit, zeigte. Der gesellschaftliche Blickwinkel des Jugendstils war oft auf das Verhältnis von älteren Herren zu jungen Luxusgeschöpfen gerichtet. Unsicher und fragend schaut dieser gepflegte Herr auf die selbstbewußt wirkende Frauengestalt, die sich vom Haarreif bis zum Saum des Kleides mit dem Zeichen des Marses, dem Symbol des Mannes, geschmückt hat und prüfend einen Ring in Form dieses Zeichens betrachtet.
Lithographie, 1902, signiert T. Z. (Theodor Zasche)
Druck: J. Weiner, Wien

der Zeitschrift darstellen. Sie gehören zu den ersten wirklichen Künstlerpostkarten überhaupt und waren natürlich zugleich als Werbung für die Künstlergemeinschaft gedacht.»
Etwa zur gleichen Zeit erschienen im Verlag Philipp & Kramer fünf Postkartenserien zu je zehn Stück, die ebenfalls von den Sezessionskünstlern Joseph Hoffmann, Ludwig Kainradl und Kolo Moser gestaltet waren (Abb. 76). Diese ersten fünf Serien waren noch als Farblithographien, die folgenden dagegen bereits im Rasterdruck hergestellt, wodurch sie deutlich an Brillanz verloren. Auch unter künstlerischem Aspekt stehen die folgenden Serien weit hinter den ersten fünf zurück.
Die Bemühungen und Erfolge der Sezessionisten, die in den folgenden Jahren durch mehrere große Ausstellungen hervortraten, mündeten schließlich in die Gründung der Wiener Werkstätte – jener berühmten Künstlervereinigung, welche bis heute noch das Kunsthandwerk beeinflußt. Die Initiatoren der Wiener Werkstätte waren abermals Joseph Hoffmann und Kolo Moser, ermuntert von Gustav Klimt und finanziell unterstützt von dem kunstbegeisterten Bankier Fritz Waerndorfer.
Ab dem Jahre 1908 gab die Wiener Werkstätte auch Postkarten heraus; Anlaß war die Beteiligung an der großen Kunstschau, bei der die Werkstätte mit ihren Kreationen im Zentrum des öffentlichen Interesses stand. Insgesamt kam die fortlaufend numerierte Kartenproduktion auf über 900 verschiedene Motive, wobei einige Nummern allerdings bis heute nicht belegt sind. Die lithographische Ausführung bewerkstelligte mit äußerster Präzision die Anstalt Albert Berger. Die Rückseiten waren ebenfalls graphisch gestaltet und zeigten außer der Kartennummer das Firmenemblem WW. Beinahe die gesamte Wiener Künstlerelite findet sich auf diesen Karten wieder, angefangen bei Jung, Kalvach und Löffler bis hin zu Arbeiten von Czeschka, Kokoschka und Schiele. Unter diesen Karten finden sich jedoch nur wenige, die als Werbekarten zu verstehen sind. Es sind diejenigen, die das legendäre Kabarett Fledermaus in der Kärntnerstraße zeigen, das der Werkstätte selbst gehörte (Abb. 79). Dieses Etablissement war als Gesamtkunstwerk konzipiert, von der Architektur, der Inneneinrichtung bis hin zu der Gestaltung von Programmheften und Eintrittskarten. Das Kabarett hielt sich jedoch – trotz

76
Die abgebildete Postkarte gehört zu einer Serie aus dem Verlag Philipp & Kramer, die anläßlich der Pariser Weltausstellung 1900 noch einmal aufgelegt wurde und für die Künstlerpostkarten dieses Verlages warb. Auf der Rückseite ist das vollständige Verzeichnis der bis dahin erschienenen Postkarten aufgeführt. Die Karte wurde von Ludwig Kainradl gestaltet; auf der rechten unteren Bildhälfte findet sich ein Signum des ‹Siebener Clubs›.
Farblithographie, 1900, signiert L.K.
Druck: Philipp & Kramer, Wien

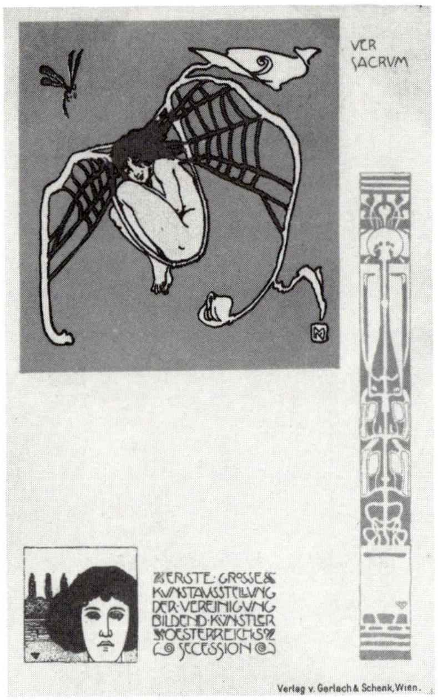

77/78
Die ab 1898 in monatlichen Abständen publizierte Zeitschrift ‹Ver Sacrum› enthielt u.a. künstlerische Beiträge von Moser, Klimt, Hoffmann, Mucha, Olbrich und Stuck. Literarische Beiträge kamen von Bierbaum, Hofmannsthal, Liliencron, Rilke und Scheerbart. Noch ist nicht geklärt, wie die Postkarten für ‹Ver Sacrum› vertrieben wurden, möglicherweise wurden sie 1898 in der Sezessionsausstellung als Werbekarten abgegeben.
Farblithographien, signiert KM (Kolo Moser)
Verlag: Gerlach & Schenk, Wien

79
Als Kunststudierender lernte Berthold Löffler bei Kolo Moser und Carl Otto Czeschka. Ab 1900 arbeitete er vorwiegend als Plakatkünstler und Buchillustrator, schuf aber auch Entwürfe für Banknoten und Briefmarken. Er war Mitbegründer der Wiener Keramik, deren Erzeugnisse von der Wiener Werkstätte vertrieben wurden. Darüber hinaus war Löffler selbst an maßgeblichen Projekten der Wiener Werkstätte beteiligt. Ab 1909 lehrte er als Professor der Wiener Kunstgewerbeschule das Fach Dekorative Malerei und Graphik.
Sein Entwurf für die Karte Nr. 71 der Wiener Werkstätte gilt als kartophile Kostbarkeit. Die in leuchtenden Farben gemalten Masken scheinen, obwohl flächig angelegt, plastisch aus dem schwarzen Hintergrund herauszutreten. Diese Karte und die Darstellung der Innendekorationen des Kabaretts von Josef Hoffmann bilden die einzigen Reklamepostkarten der Wiener Werkstätte, die innerhalb der numerierten Serie erschienen sind.
Farblithographie, um 1908, signiert Lö
Druck: A. Berger, Wien

anfänglicher Erfolge – nur kurze Zeit und mußte bereits nach zwei Jahren aus Mangel an Besuchern schließen.
Neben den numerierten Postkarten gab die Wiener Werkstätte in ihren späteren Jahren noch einige Werbepostkarten in eigener Sache heraus. Zwei davon waren von Dagobert Peche und Maria Likarz gestaltet und für die Teilnahme an der Leipziger Messe bestimmt. Eine weitere von Peche wirbt für die Verkaufsdependance in Zürich. Auch Max Snischek, der spätere Leiter der Modeabteilung der Werkstätte, entwarf eine Karte, die für Faschingskostümstoffe warb. Gegen Ende der zwanziger Jahre geriet die Wiener Werkstätte in finanzielle Schwierigkeiten und mußte mehrfach ihre Geschäftsräume wechseln, 1932 schließlich die Firma mit einem Vergleich liquidieren.
Indem auf den Postkarten der Wiener Werkstätte führende Gestalter ihrer Zeit, aber auch einige exzentrische Begabungen zum Ausdruck gelangten, spiegeln sie auf höchstem Niveau den Stilpluralismus der Jahrhundertwende zwischen verspielter bis formstrenger Illustrierung traditioneller (z.B. Glückwunschs-) Thematik, flächiger Ornamentik und avantgardistischer Expressivität. Die Mehrzahl der Karten folgt jedoch einem homogenen Gestaltungswillen auf der Basis strenger, von klaren Konturen strukturierter Flächigkeit.
Neben den Karten der Wiener Werkstätte gibt es noch zahlreiche andere, die unverkennbar den Stempel der Wiener Schule tragen: Karten aus dem Umfeld der Sezessionisten, aber auch solche von Autodidakten ohne Verbindung zu dieser Bewegung. Besonders markante Beispiele finden sich unter den Werbekarten für Feste und Bälle sowie für Kaffeehäuser und Lokale. Es wäre falsch, bei den Gestaltern dieser Karten von Gebrauchsgraphikern zu sprechen, denn sie waren meist nur sporadisch auf diesem Gebiet tätig. Ihre Schwerpunkte lagen auf den Gebieten der Architektur, des Kunsthandwerks, der Möbelgestaltung oder der Mode. Auch der Begriff ‹Jugendstil› trifft die Wiener Richtung nur unzureichend. So fehlen die für den Jugendstil typischen vegetativen Elemente, wogegen klare Linien und geometrische Muster bevorzugt wurden. Typisch dafür sind die Quadratmuster von Joseph Hoffmann, der wegen dieser Vorliebe auch ‹Quadratl-Hoffmann› genannt wurde. Der Stil vieler Karten der Wiener Werkstätte nimmt auch

80
Neben phantasievollen Karten für die Wiener Werkstätte gestaltete der eigenwillige Moritz Jung auch diese Reklame für das elegante Café Lurion. Das ‹Neue Wiener Tagblatt› schilderte das Café zu seiner Eröffnung: «Heute wird in Wien ein Etablissement eröffnet, welches den Ruf, dessen sich das Wiener Kaffeehaus in der ganzen Welt erfreut, nicht nur um ein Bedeutendes erhöhen, sondern durch die auf weltstädtischer Basis aufgebaute Gestion im Wiener Kaffeehausleben eine ganze Umwälzung hervorrufen wird... Heimische Kunst und Industrie, Wiener Maler, Bildhauer, Architekten und Kunstgewerbetreibende wurden herbeigezogen, um einen Schmuckkasten zu schaffen, der unserer Stadt nicht nur zur Zierde gereichen, sondern auf welchen jeder Wiener mit gerechtem Stolz blicken kann. Kein auf Wirkung zielender ‹Gschnas› empfängt die Betrachter in diesen hellglänzenden Räumen, sondern überall echte, auf tiefer Empfindung beruhende Kunst.» (Tagebuch der Straße 1981, S. 95)
Farblithographie, gestempelt 1914, signiert M. Jung
Druck: A. Berger, Wien

ästhetische Elemente vorweg, wie sie im Art Déco typisch wurden. Andere Karten zeigen bereits deutlich expressionistische Tendenzen, so etwa die zwischen 1908 und 1909 entstandenen Motive des damals noch jungen Kokoschka, die er in Anlehnung an seine berühmten Illustrationen für das Bilderbuch ‹Die träumenden Knaben› malte.

München um 1900

München entwickelte sich um die Jahrhundertwende zu einer Kunstmetropole. Die Voraussetzungen für eine Entfaltung künstlerischer Kräfte waren günstig: Gegenüber dem wilhelminischen Kaiserreich galt der Prinzregent Luitpold als kunstfreundlich. Diese Einstellung bezog sich freilich eher auf ein traditionelles, konservatives Kunstverständnis, doch immerhin nahm er zu neuen Entwicklungen eine gewisse ‹Laissez faire›-Haltung ein. Daß München eine kunstfreundliche Stadt war, hatte Tradition, die in ihren Grundzügen bereits von Ludwig I. und Ludwig II. angelegt worden war. Auch die Akademie besaß einen guten Ruf, der schon seit langem über die Landesgrenzen hinausging, jedoch war sie von Traditionalismus geprägt und den modernen Ideen gegenüber abwehrend. Daß es zu einer ‹Secession› kommen mußte, lag in der Luft. 1893 war es dann soweit: Franz von Stuck, Lehrer an der Akademie, entwarf ein Ausstellungsplakat für die ‹1. internationale Kunstausstellung des Vereins bildender Künstler Münchens Secession›. Nicht nur die Ausstellung, sondern auch das Plakat war ein großer Erfolg. Es provozierte heftige Auseinandersetzungen, in die sogar der Prinzregent schlichtend eingreifen mußte, da ein Teil der Künstler damit drohte, München zu verlassen.
Ein weiterer Meilenstein bei der Entstehung einer neuen Kunstlandschaft war die Gründung der Zeitschriften ‹Jugend› und ‹Simplicissimus› im Jahre 1896, die sich für eine neue Richtung in der Kunst einsetzen. Während der ‹Simplicissimus› in der Hauptsache von T.T. Heine getragen wurde, scharte sich um die ‹Jugend› eine Vielzahl von Talenten wie Christiansen, Schmidhammer, Erler, Münzer und Zumbusch.
Wichtigste Voraussetzung für die Herausbildung Münchens als Zentrum moderner Werbegraphik war auch das sich ändernde Verhältnis von Künstlern und Kaufleuten, wie es in einer zeitgenössischen Quelle beschrieben wird:

81
Karl Kunst, geboren 1884 in Fürstenfeldbruck, studierte zunächst Architektur und Malerei an der Kunstgewerbeschule in München. Seine Begeisterung für den Alpinismus verband er mit seinem Beruf, indem er zahlreiche Postkarten und Plakate für Wintersportartikel und Bergsteigerausrüstungen entwarf. Kunst verstand es meisterhaft, die Alpen in leuchtenden, flächigen Farbkontrasten darzustellen, die fast immer den Hintergrund seiner plakativen Entwürfe bilden.
Farblithographie, um 1910, signiert Karl Kunst – München

82
Ignatius Taschner war einer der führenden Vertreter der Dachauer Künstlerkolonie, wo er als Maler, Bildhauer und Graphiker arbeitete. Er gestaltete Einladungskarten für die Schwabinger Bauernkirta und auch eine der Werbekarten für Paul Branns Marionetten-Theater. Die anderen beiden stammen von Julius Dietz und Lucian Bernhard.
Farblithographie, 1908, signiert Ignatius Taschner
Druck: Hubert Köhler, München

83–88
Es ist anzunehmen, daß Hohlwein seine schablonenhafte Stilisierung, die realistischen Effekte und die flächigen Hell-Dunkel-Kontraste mit Hilfe von Fotoprojektionen erzielte. Da er jedoch nie einen Schüler aufnahm, bleiben Einsichten in seine Arbeitstechnik verschlossen. Die humoristische Note dieser Kartenserie findet sich nur selten in Hohlweins Gesamtwerk.
Farblithographien, um 1914, signiert Ludwig Hohlwein, München
Druck: Fritz Maison, München

89
Gegenüber dem bildgleichen Plakat ist auf dieser Postkarte eine typische Modifikation festzustellen: Während auf dem Plakat die gesamte Fläche mit dem Text ‹Täglich – Die 11 Scharfrichter—Türkenstr. 28 –› ausgefüllt ist, kam man auf der Postkarte dem Mitteilungsbedürfnis des Schreibers entgegen. Man sparte diesen Raum aus und setzte nur eine kleine Zeile «Die 11 Scharfrichter» darüber.
Farblithographie, geschrieben 1902, signiert Th. Th. Heine

90
Zwei Postkarten des Simplicissimus zeigen – in Anlehnung an die gleichnamige Zeitschrift – das von T. T. Heine geschaffene Markenzeichen: die rote Bulldogge. Mal muß sie eine Sektflasche öffnen, mal darf sie aus einer Sektschale trinken.
Farblithographie, um 1908, signiert A. Baldtmund

91
Für den ‹Bunten Vogel› entwarf Albert Weisgerber zwei Postkarten, auf denen er den Bunttukan zu einem Markenzeichen machte. Hier sang der phantasiebegabte Schüler von Stuck und Mitarbeiter der ‹Jugend› auch zur Laute. Weisgerber hätte sicherlich noch mehr Beweise seines Talentes erbringen können, doch er fiel bereits im ersten Kriegsjahr.
Farblithographie, 1912, signiert Weisgerber
Druck: Vereinigte Kunstanstalten AG, München

92
Auch das Café & Wein-Restaurant Serenissimus bezeichnete sich als Künstlerkneipe. Doch der dienernde Portier, der einem offensichtlich gutsituierten Gast die Tür öffnet, läßt mehr den Appell an das Großbürgertum erkennen. Auf der Postkarte firmiert dieses Lokal im Gegensatz zu dem bildgleichen Plakat als Cabaret.
Farblithographie, um 1910, signiert Otto Flechtner

«Hier herrscht noch das alte Vorurteil des Bürgers gegen den Künstler und umgekehrt. Denn so wenig der Bürgerfabrikant daran gedacht hätte, seine Erzeugnisse durch einen windigen Künstler anpreisen zu lassen, was ihm doch der Lithograph viel schöner und solider machte, ebensowenig hätte ein Künstler damals seinen Pinsel profanen Zwecken dienstbar gemacht.» (vgl. Zur Westen 1914)

Nun zeichnete sich eine Annäherung dieser beiden konträren Positionen ab, und der Katalog ‹Plakate in München› (1978) gibt eine Antwort, weshalb: « ... für diesen Schritt hatten die Künstler ähnliche Gründe wie die Kaufleute. Denn auch ihre Lage hatte sich im Laufe des 19. Jahrhunderts entscheidend geändert. Die Zahl der in München lebenden Künstler nahm ständig zu. Aus dem Dienst für Staat und Kirche entlassen, waren die Künstler auf sich selbst gestellt und vom Verkauf ihrer Werke abhängig. Sie wurden selbst zu ‹Unternehmern› und ihre Kunst zur Ware.»

Aber auch bei den Kaufleuten setzte sich mehr und mehr die Erkenntnis durch, daß sich eine plakative Werbung durchaus verkaufsfördernd auswirken konnte.

Viele der großen deutschen Gebrauchsgraphiker begannen ihre Karriere in München. Einige von ihnen studierten noch an der Akademie, an der Kunstgewerbeschule oder an den verschiedenen privaten Kunstschulen. Ein schönes Zeugnis ihrer Tätigkeiten gaben die von akademischen und freien Künstlervereinigungen aus Anlaß der prunkvoll inszenierten Faschingsfeste herausgegebenen Postkarten (Abb. 3 und 93). Diese Feste wurden mit viel Liebe und künstlerischer Phantasie vorbereitet und mit ausgelassenem Überschwang gefeiert. Als künstlerisch und gesellschaftlich tonangebend galten die glanzvollen, rauschenden Inszenierungen der Akademie und des ‹Vereins deutscher Kunststudierender›. Ihren Nimbus verdankten diese Feste zum Teil einem zeremoniellen Ablauf, zu dem die unter einem bestimmten Motto stehende Maskerade, Umzüge, theatralische Inszenierungen ‹historischer Bilder› und kunstvolle, ganz dem jeweiligen Motto angepaßte Dekorationen gehörten.

Auch in der Werbung für Lokale gingen die Münchner Künstler mit neuen Beispielen voran. Bevorzugt wurden natürlich solche Lokale, die von den Künstlern selbst gerne frequentiert wurden. Die wohl bekannteste Literaten- und Künstlerkneipe war der ‹Simplicissimus› (Abb. 90). Bei der resoluten Besitzerin Kati Kobus trafen sich Maler, Musiker und Dichter wie Franz Marc, Frank Wedekind, Thomas und Heinrich Mann, Ludwig Scharf und Ludwig Thoma. Viele von ihnen traten hier auch selbst auf, die Gage bestand aus einer warmen Mahlzeit. Auch für den jungen Ringelnatz wurde der ‹Simpl› zum Startplatz seiner Karriere. Als ehemaligen Leichtmatrosen lockte ihn das – mißgedeutete – rote Licht über der Eingangstür an.

Für das erste bedeutende deutsche Kabarett, ‹Die elf Scharfrichter›, schuf Thomas Theodor Heine, den man auch einen deutschen Lautrec nannte, eine Postkarte, die die Sängerin Marya Delvard im Vordergrund darstellt (Abb. 89). Herbert Schindler schreibt hierüber: « ... zeigt uns den ... Auftritt von Marya Delvard höchst einprägsam in einem scherenschnittartigen Hell-Dunkel-Stil. Wie in einer gespenstischen Vision tauchen aus rotem und blaugrünem Hintergrund die Silhouetten von elf Teufelsfratzen auf, angeführt von der am Bildrand postierten, schattenhaft schlanken Diseuse, ein ins Dämonische entrücktes, die Schleppe nachziehendes, nervös gespanntes Wesen ... » (vgl. Schindler 1972).

Der bekannteste deutsche Gebrauchsgraphiker betrat 1906 die Münchner Bühne. Ludwig Hohlwein, als Architekt auf dem Münchner Polytechnikum ausgebildet, erzielte innerhalb kurzer Zeit größte Erfolge. Der künstlerische Anspruch, wie er etwa bei T. T. Heine, B. Paul und F. v. Stuck eine große Rolle spielte, hatte sich nach seiner Idee der Werbewirksamkeit unterzuordnen. In der stilistischen Unterordnung der Werbeinhalte unter einen prägnanten, letztlich aber auch stereotypen Plakatstil erreichte er früh eine unumstrittene Meisterschaft und eine technische Perfektion, die er über 40 Jahre hindurch unverändert behaupten konnte. Seine persönliche Handschrift ist unverkennbar geworden und begleitet wie ein Markenzeichen sein unüberschaubares Werk für die Konsum- und Veranstaltungswerbung ebenso wie die Kriegsdarstellungen während des Ersten Weltkrieges und seine Werbung für den Nationalsozialismus (Abb. 83–88).

Hohlwein hatte instinktiv die Methoden der modernen Werbepsychologie erfaßt, noch bevor sie wissenschaftlich formuliert wurden. Er selbst war begeisterter Jäger, Reiter und Naturliebhaber; seine Tierdarstel-

lungen und Entwürfe für zoologische Gärten und den Zirkus zählen zu seinen schönsten Werken. Hohlweins Name wurde so sehr zum Qualitätsbegriff, daß er später auf seinen Namen als Signatur verzichtete und ihn durch zwei schräg nach oben gezogene Striche ersetzte. Selbst in den USA wurde sein Stil nachgeahmt.
Gegen die Vorherrschaft Hohlweins schlossen sich 1914 sechs namhafte Graphiker zu der Gruppe ‹Die Sechs› zusammen. Es waren Franz-Paul Glass, Heubner, Moos, Preetorius, Schwarzer und Zietara. Wer bei diesen ein Plakat in Auftrag gab, konnte unter sechs verschiedenen Entwürfen seine Auswahl treffen. Man kann ‹die Sechs› als eine der ersten Werbeagenturen betrachten, doch die schlechte Auftragslage führte dazu, daß die Firma schon wenige Jahre nach Ende des Ersten Weltkrieges liquidiert werden mußte. Bereits damals stellten viele Firmen nach amerikanischem Vorbild eigene Werbefachleute fest an.
Von der Münchner Lebensweise und dem Lokalkolorit der Stadt ließen sich auch Künstler und Graphiker beeinflussen, die einige Jahre später in Berlin neue Maßstäbe im Plakatwesen setzten. Für manchen jungen Künstler war die in München verbrachte ‹Sturm- und Drang-Zeit› sicherlich der Grundstein für spätere Erfolge.

93
Legendär sind die von den Münchner Künstler-Vereinen organisierten Faschingsfeste, die ganz unter dem Wahlspruch «in arte voluptas» als wahre Festspiele der Phantasie, der Kunst und vor allem der Kostümierungskunst inszeniert wurden. In diesen Tagen, so könnte man sagen, übte in München die Kunst ihre heitere bis ausgelassene Herrschaft aus. Die Feste der Münchner Akademie und des ‹Vereins Deutscher Kunststudierender› wurden um die Jahrhundertwende unter dem Titel ‹Bauernkirta› und ‹Gauklertag› veranstaltet. Mit diesen Losungen wollte man sich mit ungezwungener und derber Lebenslust nach dem Vorbild des bayrischen Landvolkes von den aufwendigen historischen Kostümfesten der früheren Jahre und von der eleganten Kleiderpracht der *bals parés* und der Redouten abheben.
Karte der ‹Münchner Künstlerfeste›, Serie II, Nr. 188, Farblithographie, um 1907, signiert Otto Flechtner
Verlag: Hubert Köhler, München

94
Zu den wohl eigentümlichsten Illustratoren zählt Otto Obermeier, den man auch als typisch münchnerisch bezeichnen kann. Ihm wird eine ‹barocke› Illustrationslust nachgesagt, die sich vor allem in seinen zahlreichen Postkarten für Münchner Brauereien widerspiegelt.
Rasterdruck, um 1910, signiert Otto Obermeier

95
Die Gruppe der ‹Sechs›, der auch Carl Moos angehörte, wurde auch als ‹Anti-Hohlweinliga› bezeichnet. Moos war sicher ihr produktivstes Talent, er verließ jedoch 1915 nach Ausbruch des Ersten Weltkrieges München und arbeitete danach in Zürich.
Farblithographie, gestempelt 1913, signiert Moos
Druck: Vereinigte Kunstanstalten AG, München

Berlin um 1900

Während in München Postkarten und Plakate in erster Linie für Künstlerfeste und Lokale entworfen wurden, zeichnete sich in Berlin bereits deutlich der Trend zum warenbezogenen Entwurf ab. Da wie dort aber hatten die Druckereien immer noch das Monopol, Aufträge der Industriellen entgegenzunehmen und an ihre angestellten Lithographen weiterzuleiten. In der Regel hielten die Druckereien dafür bereits vorgefertigte Entwürfe, sogenannte Blankoentwürfe, bereit, aus denen sich der Auftraggeber einen ihm geeignet erscheinenden aussuchen konnte. Eingesetzt wurden nur noch Name und Anschrift der Firma, gegebenenfalls mußten noch geringfügige Veränderungen vorgenommen werden. Daß auf diese Weise keine schlagkräftige, produkttypische Werbung geschaffen werden konnte, versteht sich.

An talentierten jungen Künstlern mangelte es in der Reichshauptstadt nicht, der Glanz dieser Weltstadt hatte sie aus allen Teilen Deutschlands angelockt. Doch es fehlte eine Unternehmerpersönlichkeit, die sich für ihre Belange einsetzte und Auftraggeber von der Notwendigkeit eines ‹Künstlerentwurfes› überzeugte. Erst mit Ernst Grohwald veränderte sich die Situation in Berlin entscheidend. Mit unternehmerischem Instinkt ausgerüstet und von den Erfolgen der ‹Jugend› und des ‹Simplicissimus› in München angespornt, witterte dieser, wie sich später einer seiner Mitarbeiter in seinen Memoiren erinnert, ‹Morgenluft›. Grohwald organisierte zunächst die bereits bestehende Druckerei Hollerbaum & Schmidt um, die zuvor «hauptsächlich Diaphanien zum Schmuck des trauten Heims ‹geschmackvoller› Leute gefertigt hatte» (vgl. Zur Westen 1914). Bald scharte sich die gesamte Avantgarde Berliner Reklamekünstler um Grohwald, der sich unermüdlich darum bemühte, neue Aufträge für seine Mitarbeiter heranzuschaffen. Trotz anfänglicher Schwierigkeiten wurde die Druckerei Hollerbaum & Schmidt innerhalb weniger Jahre zur tonangebenden Drukkerei Berlins. Ihre Postkarten und Plakate gehören heute zu den anerkanntesten Belegen der Gebrauchsgraphik.

Zu den Männern der ersten Stunde bei Hollerbaum & Schmidt gehörte Edmund Edel, sicher der eigenwilligste unter den Berlinern. Er gab 1896 mit einem Plakat für die 5 Barrisons sein Debüt, indem er das offizielle Ausstellungsplakat für die Industrieausstellung von Ludwig Sütterlin parodierte. Das trug ihm zwar ein Gerichtsverfahren als Plagiator ein, sicherte ihm aber die Aufmerksamkeit und Sympathie der Bevölkerung. Überhaupt blieb Edel in den Kreisen des Volkes der beliebteste Gebrauchsgraphiker, weil er es verstand, mit seinen lustigen Figuren zu erheitern.

Der ‹Berliner Spaßvogel›, wie er auch genannt wurde, hatte in Paris von den französischen Meistern viel gelernt und konnte improvisierend direkt ‹auf den Stein zeichnen›. Dieses Talent kommt auch in der Postkartenserie für die ‹Lustigen Blätter› zum Ausdruck, für die er 1897 Berliner Typen karikierte: den Pennbruder, der voyeuristisch ein Liebespaar beobachtet, das die ‹Lustigen Blätter› liest, oder eine sauertöpfische alte Jungfer und einen griesgrämigen Mann, die beide über die ‹Lustigen Blätter› überhaupt nicht lachen können (Abb. 98).

Aus München kam im Jahr 1908 Hans Rudi Erdt nach Berlin. Der Meisterschüler von Dasio etablierte sich bald im Bereich künstlerisch gestalteter Inserate. Mit Vorliebe stellte er den ‹sportlichen Typ› dar, wie zum Beispiel den Automobilisten (Abb. 102).

Als treffendster Schilderer mondäner Lebewelt und der gehobenen Gesellschaft gilt der gebürtige Wiener Ernst Deutsch. Er arbeitete zuerst als Modezeichner, später etablierte er sich auch als Gebrauchsgraphiker. Deutsch, der oft nachgeahmt wurde, geriet schließlich selbst in den Verdacht, plagiiert zu haben und änderte 1920 seinen Namen in Dryden um. 1926 wurde er Art Director der Zeitschrift ‹Die Dame›, 1933 emigrierte er nach Hollywood, wo er Kostüme für Schauspielergrößen wie Marlene Dietrich entwarf (Abb. 96 und 97).

Zu den Stars der Mitarbeiter von Hollerbaum & Schmidt zählt zweifelsohne Lucian Bernhard. Er gilt als der Schöpfer des sogenannten Sachplakats, das auf jeden unnötigen Zierrat verzichtet und den Bildinhalt auf das Wesentliche, meist auf das bloße Produkt, reduziert. Bernhard verwendete grelle, leuchtende Farben und bemühte sich konsequent um einen harmonischen Einklang von Schrift und Bild (Abb. 100).

Das gleiche zeichnerische Talent wie Bernhard besaß gewiß Julius Klinger, wenn er ihn nicht sogar noch übertraf (Abb. 99). Der gebürtige Wiener kam nach einem Aufenthalt in München schließlich nach Berlin, wo

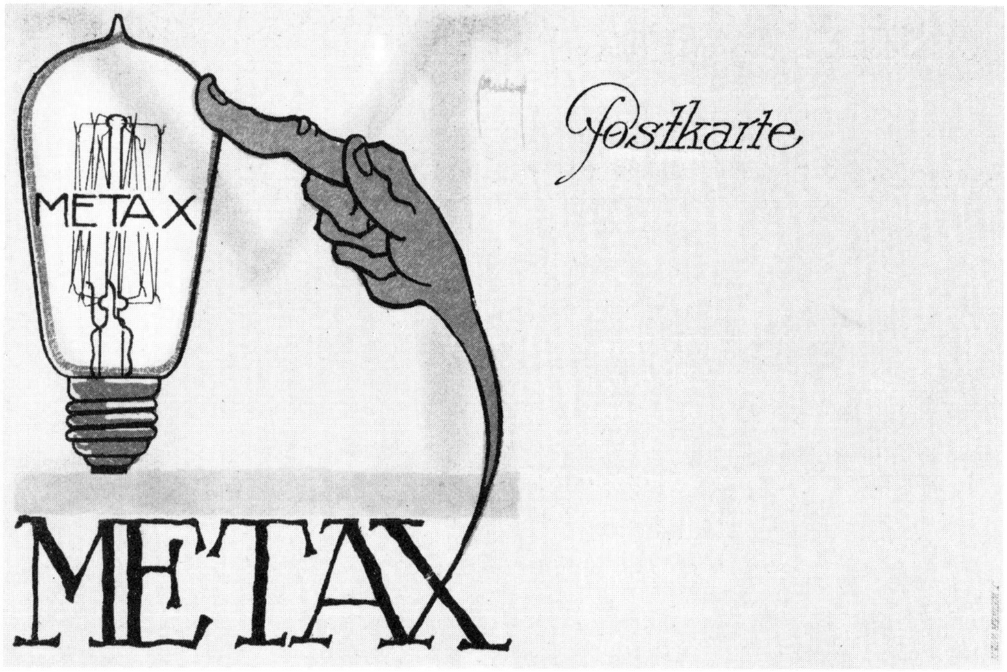

96/97
Zu den interessantesten Karten von Ernst Deutsch gehört neben einer Serie für Dürkopp-Automobile und -Nähmaschinen die Serie für Metax-Glühlampen. Sie belegt, mit welcher Leichtigkeit Deutsch die Aufgabe löste, zwölf verschiedene, originelle Entwürfe für ein Produkt zu gestalten.
Farblithographien um 1914, signiert (Ernst) Deutsch
Druck: J. Weiner, Wien

98>
Eine Charakter- und Standestypologie bietet Edmund Edel in dieser Gegenüberstellung eines Bier- und eines Sekttrinkers. Obwohl beide keine Idealfiguren darstellen, gilt die Sympathie offensichtlich doch mehr dem gestandenen Patzenhofer-Bier trinkenden Bürger, als dem degenerierten, aber adeligen Sektschlürfer. Edel signierte seine Postkarten nicht immer, doch können die Postkarten für den Patzenhofer-Ausschank ihm zugeschrieben werden.
Farblithographie um 1910, Edel?
Druck: Akt. Ges. f. Kunstdruck, Niedersedlitz

99>
Die Druckerei Hollerbaum & Schmidt wirbt anläßlich einer Ausstellung für Geschäftsausstattung und Reklame in eigener Sache. Den listigen roten Reklamefuchs entwarf Julius Klinger. Klinger hinterließ ein reichhaltiges Plakatwerk, es sind jedoch nur wenige Postkarten von ihm bekannt.
Farblithographie, gestempelt 1908, J. Klinger
Druck: Hollerbaum & Schmidt, Berlin

100>
Lucian Bernhard setzte nicht nur die Maßstäbe auf dem Sektor der Werbegraphik und der Verpackung, auf sein Konto gehen auch über 30 neue Schrifttypen. Bereits kurz nach der Jahrhundertwende nahm Bernhard Stilelemente der zwanziger Jahre vorweg. Er wurde 1920 Professor für Reklamekunst an der Berliner Akademie, wanderte drei Jahre später jedoch in die Vereinigten Staaten aus.
Farblithographie, um 1908, L. Bernhard
Druck: Hollerbaum & Schmidt, Berlin

98

99

100

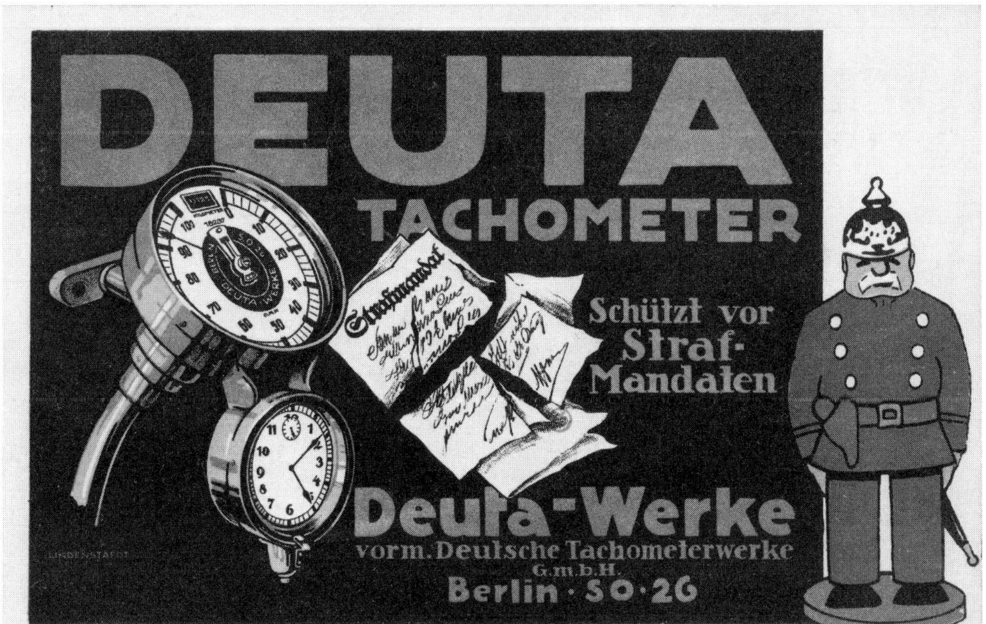

101
Hans Lindenstaedt gehörte zu den ersten Mitarbeitern der Druckerei Hollerbaum & Schmidt und soll neben Edel auch der meistbeschäftigste gewesen sein. 1905 wechselte er zum Verlag für Reklamekunst Curt Behrens und gründete schließlich 1911 eine eigene Werbeanstalt.
Farblithographie, um 1910, signiert Lindenstaedt

er seine fruchtbarsten Jahre verbrachte. In vielen seiner Entwürfe schwingt noch die ‹Wiener Schule› mit, die sich in der Eleganz und im Charme seiner Arbeiten niederschlägt. Seine Genialität aber zeigt sich in seinen Ideen: lustig, frech und voller Phantasie. Nicht zu Unrecht hatte er wohl seinen Glauben an die Zukunft der Werbegraphik mit folgenden Sätzen formuliert: «... eine unbescheidene Hoffnung hegen wir: daß unsere Arbeiten Kulturdokumente sein werden für die Art, wie der Kaufmann Anfang des 20. Jahrhunderts seine Waren anpries. Und vielleicht werden unsere Arbeiten dann interessanter sein als die vielen, vielen Bilder, die in unserer Zeit zu Tausenden ohne Zweck, ohne Sinn gemalt wurden, und die nicht dazu beitragen, unserer Zeit einen nennenswerten Charakter zu geben.»
Klinger kehrte nach Ausbruch des Ersten Weltkrieges nach Wien zurück und eröffnete dort ein Werbeatelier.
Neben der Druckerei Hollerbaum & Schmidt behaupteten sich nur wenige Künstler im Alleingang. Zu ihnen zählen die beiden Zwillingsbrüder Martin und Walter Lehmann. Ihnen verdanken wir zahlreiche Reklamepostkarten, die sie zuerst für die Druckerei Arnold Weylandt entwarfen. Um 1913 gründeten sie ihr eigenes Atelier in Berlin-Steglitz. Ihre Arbeiten signierten sie seitdem mit Lehmann-Steglitz.

Fotografie und Postkarte

Um 1900 war die Fotografie in all ihren technischen und künstlerischen Möglichkeiten sehr weit entwickelt und hatte in ihrer 50jährigen Geschichte bereits einige markante Kostproben davon gegeben. Diese aber waren über experimentelle und spielerische Demonstrationen hinaus nicht weiter verfolgt worden. Ernstlich genutzt wurde das Foto nur in der Wissenschaft. In den Bilderfabriken verwendete man Fotos bestenfalls als Vorlage für graphische Landschafts- und Städteansichten. Die Maler Lenbach und Stuck malten nach Fotos ihre Porträts, der eine in akademischem Atelierbraun, der andere in antiken Allegorien. Lediglich für die industrielle Verfügbarkeit lieferte nach 1900 die florierende Massenproduktion von Liebeskitsch auf Bromsilberkarten einen fast erdrückenden Beweis.
Als Medium stand die Fotografie immer

102
In einigen seiner Entwürfe, wahrscheinlich auch auf der Postkarte ‹Opel›, stellte sich Hans Rudi Erdt selbst dar. Der Fahrer trägt auf der Mütze den Reichsadler, das Emblem des Preußischen Automobil Clubs.
Farblithographie, 1911, signiert H R Erdt

103
Mit der Kunst des Weglassens erzielte dieser Künstler den dramatischen Effekt. Der Betrachter kann nur ahnen – und hier setzt seine Phantasie ein –, daß sich hinter der grünen Maske kein angenehmer Zeitgenosse verbirgt. Mit diesem Bild versuchte das Theater am Nollendorfplatz, möglichst viele Zuschauer anzulocken.
Farblithographie, um 1910, signiert Svendgade
Druck: Hollerbaum & Schmidt, Berlin

104
‹Vervielfältigungs-Anstalt für Photographien, Kunst, Industrie und Reclame› nannte sich die NPG, die wahrscheinlich größte Bilderfabrik der Fotografie. Dank der großen und modernen Maschinenanlage bestand ihre Leistungsfähigkeit in ‹1 Kilometer Bilder pro Tag und Maschine›, – und damit waren Fotopostkarten mit unendlichen Variationen von Frauengesichtern und -posen gemeint! Respekt unter Sammlern genießt sie in erster Linie wegen einiger skurriler Serien, die heute als surrealistische Experimente gelten.
Fotokarte, gestempelt 1903

< **105**
Eine sorgfältig kombinierte Verbindung von malerischer Tradition und fotografischer Montage stellt diese Komposition für die Qualitätsuhren Longines dar. Das ikonographische Arsenal (Fabrikansicht, Medaillen, Erdkugel, schwebende Allegorie) verdichtet dokumentarische und allegorische Elemente zu einer neuartigen Ausdrucksform.
Fotokarte, gestempelt 1907

106 >
In der populären Kitschpoesie wurde der Mond als stiller Freund der Kinderträume und als Schutzpatron der romantisch Liebenden viel besungen. Verständlich, daß ihn auch die Werbung gern in Anspruch nahm. ‹Mon amour› festigt hier als Produkt und als Kosename die heimlichen Sympathiebande zwischen Kind und Mond.
Fotokarte, um 1910

107
Charles Scolik machte sich als rühriger und künstlerisch ambitionierter Produzent von Fotopostkarten einen Namen. Bekannt in der Fotografiegeschichte sind seine über zahlreiche Retuschen entstandenen Fotogemälde.

Mit dieser Eigenwerbung griff er die schon 1863 vom französischen Fotografen Disdéri praktizierte, dann aber wieder fast vergessene mosaikartige Form der Porträtmontage wieder auf.
Rasterdruck, um 1910

108
Die Gründung und Eroberung von Kolonien erschloß der Industrie neue Absatzmärkte. Hier konnte die Werbung die Weltläufigkeit der Firmen und Produkte vor Augen führen.

Odol-Mundwasser war, wie diese Montage glauben machen will, bereits um 1905 bis ins tiefste Afrika vorgedrungen.
Lichtdruck, um 1905

109
Einen natürlichen und gesunden Zusammenhang von Ursache und Wirkung demonstriert hier ‹Sinolder-Silbersherry› auf dezente Weise. Das feuchtfröhliche Erfolgserlebnis wurde auch gern in der Postkartenwerbung für Badeorte benutzt und von einer konkurrierenden Schnapsfirma sogar plagiiert.
Lichtdruck, um 1910

110
Der Geist in der Flasche entpuppt sich bei genauem Hinsehen als der Handelsvertreter der Kosmetikfirma Mystikum. Anleitungen für solche Montagen konnte der Laie der schon damals reichhaltigen Fotoliteratur unter der Rubrik ‹Scherzbilder› entnehmen.
Lichtdruck, um 1910

111
Mit einem scheinbaren Schnappschuß «ganz aus dem Leben gegriffen» wurde hier die vom Kunden mit Spannung erwartete und von den Nachbarn mit Interesse verfolgte Zustellung eines Kinderwagens per Autodroschke festgehalten. Die aufwendig dokumentierte Anlieferung sollte die Bedeutung der Neuanschaffung und der Marke hervorheben.
Lichtdruck, gestempelt 1913

112
Die Ernemann A.-G., Dresden, gehörte zu den renommiertesten Herstellern sowohl einfacher als auch technisch anspruchsvoller Fotoapparate. Die Karte gehört zu einer Serie, mit der vor allem spezielle Einsatzmöglichkeiten der Fotografie vorgeführt werden sollten.
Lichtdruck, gestempelt 1913

noch im Schatten der Malerei, der sie sich stilistisch und inhaltlich soweit wie möglich anzupassen bemühte. Nach ihrem Vorbild bevorzugte sie Landschaften und Genrewelt als Motive und versuchte mit viel technischer Raffinesse (Pigmentdruck, Gummidruck, Leimdruck, Kohledruck, weiche Papiere, getönte Papiere für Mondschein-Ansichten, Retuschen) und stilisierten Arrangements dem Bildgeschmack der Zeit zu entsprechen. Spuren davon finden sich auch auf der fotografischen Ansichtskarte, deren Blütezeit gerade begann: Sie zeigt leere Straßen der Großstadt, aus denen Menschen, Gespanne und Straßenbahnen hinausretuschiert wurden. Gewiß gibt es auch hervorragende Beispiele für dokumentarische Qualität, im Handabzug wie im Lichtdruck, doch bleiben diese die Ausnahme.

Die Nachahmung malerischer Bildeffekte und malerischer Bildideen war es auch, die in der fotografischen Landschaft einige Blüten sprießen ließ, die sich in ihr wie exotische Zufallsmutationen ausnehmen. Inspiriert von Hansens (später Nolde) animistischen Berggesichtern aus der Schweiz begannen einige Postkarten-Künstler, alle deutschen Mittelgebirge und herausragenden Felsen mit ausdrucksvollen Menschengesichtern zu beseelen. Die wanderlustigen Naturentdecker waren dankbare Käufer. Andere Künstler entdeckten die Bilderschätze, die auf dem Seelengrunde des Volkes schlummerten. Dazu gehörten die vielen Babys, die in verborgenen Waldweihern auf den Storch warteten, damit er sie (meist zu früh) zu den jungen Müttern bringe – in Frankreich schauten die gleichen Kinder erwartungsvoll aus großen Kohlköpfen ihrer Entdeckung entgegen. Andere Kunst- und Kitschschaffende übertrugen die blühende Herz-Schmerz-Poesie ins Bildliche und ließen zarte Mädchenbüsten aus stacheligen Rosen und anderen Blüten hervorwachsen. Weniger begabte, aber boshafte Postkarten-Kreatoren brachten einfach viel zu große Damen mit viel zu kleinen Männern zusammen. Kurz: die Volkspoesie blühte auf den Postkarten und inspirierte manchen Fotografen dazu, ähnliche Sujets als Fotomontagen auf Postkarten zu produzieren, die heute zu den Vorläufern des Surrealismus gezählt werden.

Auch auf dem Gebiet der Werbepostkarte haben Phantasie und die Aufgabe, Produkte bildhaft ins Bewußtsein zu prägen, zu

113
Und so wirbt der gesunde und schöne Johann Lovranics auf der Adreßseite der Karte: «Euer Wohlgeboren! Hiermit gestatte ich mir auf das bestbewährte Übungssystem aufmerksam zu machen, welches mit handlich dauerhaftem Apparate ausgeführt wird, den Übenden kräftigt, gesund erhält und verjüngt. Eine stattliche Anzahl hervorragender Persönlichkeiten habe ich schon mit diesem System vertraut gemacht... Ich empfehle Ihnen, mich per Postkarte zu verständigen, worauf ich Ihnen zur gewünschten Zeit und ohne Kaufzwang oder irgend welche Verbindlichkeit, den Apparat gerne persönlich vorführe... In Anbetracht des aussergewöhnlichen Nutzens der Gymnastik, bezüglich Leistungsfähigkeit, körperliches und geistiges Behagen darf ich wohl mein streng reelles Angebot auf's wärmste empfehlen...»
Kolorierter Lichtdruck, um 1910

114
Berthold Bing, Spezialist für Bromsilberkarten in «bekannt erstklassiger Ausführung», muß Sinn für Ulk gehabt haben. Möglicherweise posierte er selbst, als Phantasie-Häuptling verkleidet, mit seiner Frau auf einer Lanze sitzend vor der majestätischen Litfaß-Säule mit der kalligraphischen Montage seines Werbeverses. Nach beliebigen Fotos, Platten und Skizzen fertigte seine ‹1. Öster. Bromsilber-Vervielfältigungs-Anstalt› Postkarten in zwei Qualitäten, Lieferzeit drei Tage, nach Wunsch mit kalligraphischen Texten oder Handkolorit.
Bromsilberkarte, um 1910, rückseitig ausführlicher Werbetext

115
Der politischen Verklärung des faschistischen Führungsprinzips diente diese Montage aus verschiedenen Fotos der theatralischen Selbstinszenierungen der NSDAP. Die freie, erkennbare Montage von dokumentarischen Einzelbildern intensiviert diese zu einem artifiziellen, symbolischen Propagandabild, das zugleich scheinbar dokumentarische Beweiskraft hat. Damit sollte verkürzt und komprimiert bewiesen und normativ verherrlicht werden, was all die kultischen Inszenierungen des Faschismus bezwecken wollten: die Einheit von Führer und Volk.
Fotokarte von Hoffmann, München, geschrieben 1930

phantastischen, surrealen Bildern geführt. Nichts soll verhindern, daß Produkt und mitgelieferter Traum zusammenfinden. Für traumhafte Kompositionen war die Fotomontage bestens geeignet. Trotzdem wurde sie vor dem Ersten Weltkrieg nur selten angewendet. Einige perfekte Beispiele für Fotomontagen auf Postkarten ließ die Firma Lingner, Dresden, für ihr Mundwasser Odol fertigen. Odol war hierfür prädestiniert durch die schon jahrelange und konsequente Praxis der Firma, in den namhaftesten Zeitschriften der Zeit mit fast textlosen Bildmontagen zu werben. Die Montagen bestanden vor allem aus den beliebten Landschaftstypen der Zeit (Antike, Böcklin-Imitationen, Birkenhaine, Meer mit Mond oder Segelboot), aber auch aus freien Kompositionen, in die der Name Odol oder das Odolfläschchen mit künstlerischer Perfektion als symbolträchtige Denkmäler eingefügt waren. Schon kurz nach 1900 hatte Odol damit begonnen, die Montagemethode auf Ansichtskarten zu übertragen; hier überragte nun die Odolflasche als gigantische Reklameplastik historische Plätze und Gebäude.

116
Vom Mehl allein scheint dieser Tante-Emma-Laden offensichtlich nicht gelebt zu haben. Bekannte Namen wie Palmin, Milka, Maggi und Lipton, aber auch Bier und Delikatess-Sauerkohl halfen mit, die mindestens fünf Beschäftigten zu ernähren.
Privatfoto, um 1910

Die Postkarte als Dokumentation der Werbung und scheinbare Dokumente als Werbemittel

Dem Foto haftet der Ruf an, ein unbestechliches Dokument zu sein. Daran ist nur wahr, daß der Apparat, oder noch genauer, die Linse in ihm nicht betrügt. Was und wie fotografiert und danach retuschiert und montiert wird, das bestimmt der Fotograf als freier Künstler, und wozu ein Foto eingesetzt wird, bestimmt (in unserem Zusammenhang) ein Werbefachmann.
Einen ungetrübten dokumentarischen Genuß vermitteln dagegen Fotos auf alten Postkarten, die, als persönliche Erinnerungsfotos entstanden oder als Landschaftsansicht seriell verbreitet, ohne eigene Werbeansicht, zufällig oder absichtlich, den Einsatz früherer Werbemittel und deren technische und modische Wandlungen vergegenwärtigen. Litfaßsäulen, Plakatwände (es könnte ein Mucha-Plakat daran kleben!), Sandwich-Männer in der Leipziger Peterstraße, Werbefahrzeuge oder riesige Schriften und Firmenembleme auf Dächern und Gebäuden veranschaulichen die Werbung als integralen Bestandteil der gestalteten oder verunstalteten

117
Sandwich-Männer und ihre Mutationen, wie hier diese Flaschen-Männer, brachten in der berühmten Petersstraße in Leipzig während der großen Messen regelmäßig auch den Fußgängerverkehr zum Erliegen. Ein Plus für die Flaschen-Männer: sie konnten bei Regen nicht naß werden.
Lichtdruck, um 1910

Umwelt. Eine kurze, aber spektakuläre Abwechslung boten die Pferdedroschken, später die ‹Werbemobile›, die mit übergroßen Warenattrappen durch die Straßen fuhren. Sie stellten die realisierte Version der in der Werbegraphik gern benützten überdimensionalen Produktabbildungen dar.
Darüber hinaus ermöglicht der Poststempel, sofern die Karte ihren postalischen Weg gegangen ist, eine genaue Datierung, wann und wo Werbeneuheiten eingesetzt wurden. Auf den zahlreichen Geschäftsfassaden, vor denen sich die Belegschaft oder der Inhaber selbst stolz in Positur gestellt hatten, erkennt man als unbeabsichtigten Nebeneffekt zuweilen eine verwirrende Zufallskomposition von Email- und Blechschildern, die mit oder ohne Lupe interessante Details über frühere Produktnamen, Preise und Kaufempfehlungen entziffern lassen. Lehrreich ist auch das Studium der Schaufenster: Das Arrangement der Blickfänger, Waren, Warenimitationen, Ständer, Schilder und Texte spiegelt die Kunstfertigkeit des Dekorateurs; hinter den Fenstern präsentiert sich aber auch wie in einer Museumsvitrine die Geschichte der unverkennbaren Tier- und Menschengestalten der Reklamefiguren, der Firmensymbole und -maskottchen, die als Blickfang und treue Stimmungsmacher die Firmengeschichte begleiteten.
Auch ausgefallene, meist kurzlebige Werbeideen verkündet die Postkarte als ‹Tagesschau von gestern› oft mit seismographischer Wachsamkeit, und über die Eskalation der Verkleidungskünste bei den Sandwich-Männern führte sie Tagebuch. Diese Reklameläufer «... hatten Papptafeln vor Bauch und Rücken gebunden und marschierten einzeln oder in Kolonnen bis zu zwölf Mann die Straßen auf und ab. Später ging man dazu über, die Reklameträger zu kostümieren, um sie, als Köche verkleidet, für ein Restaurant werben zu lassen. Oder man steckte sie in riesige Nachbildungen der angebotenen Artikel, in Putzmittelflaschen, Bitterwasser, Nähmaschinen, Hüte, immense Zigarren und Zigaretten. Eine besonders originelle Variante dieser Reklameträger waren die Glatzenmänner. Wollte etwa ein Käsehersteller auf seine neue Käsespezialität aufmerksam machen, so ließ er einige besonders seriös gekleidete Männer mit schönen Glatzen in der ersten Reihe eines Theaters Platz nehmen. Die Herren nahmen ihre Zylinder ab und für alle sichtbar waren auf ihren Glatzen die einzelnen Buchstaben des Käsenamens zu erkennen.» (Feuerhorst/Steinle 1985, S. 23)
Einzige Aufgabe der Bildwerbung ist es, sich zu zeigen. Eine Steigerung der exhibitionistischen Maxime ist dadurch noch möglich, daß sie selbst vorführt, wie sie sonst noch oder woanders auftreten kann ... nach der alten Werberegel, tu (möglichst Dir selbst) etwas Gutes und rede darüber. Der Werbung gelingt dies, indem sie als scheinbares Dokument auftretend sich selbst beim Werben zeigt. Die Methode, sich vordergründig einer Landschafts- oder Stadtansicht oder auch eines Ereignisses als Dokument zu bedienen, um darin an markanter Stelle das Werbeschild plazieren zu können, wurde schon erwähnt. Hier soll auf den speziellen Aspekt eingegangen werden, daß sich bei der Eigendokumentierung der Werbung, noch mehr aber bei der Werbung im Dokumentarstil, zwischen echten und fingierten Dokumenten eine breite und fließende Palette von Möglichkeiten ergibt, deren häufigste hier genannt seien:
Da gibt es zunächst das unverfälschte private Erinnerungsfoto oder die Ansicht, die nur zufällig auch Werbeträger abbilden. Daneben finden sich die zur Werbung verbreiteten, aber unverfälschten Abbildungen auf Fotos oder auch realistischen Zeichnungen: Gebäude, Arbeitsräume, Produkte. Dazu gehört auch die ‹ganz persönliche Werbung› in der vertrauenerweckenden Vorstellung mit dem eigenen Konterfei. Zu der Werbung mit dem eigenen Gesicht zählt letztlich das gesamte Spektrum der Porträtkarten von Bühnen- und Filmschauspielern und von Politikern, wobei allerdings der in diesen Milieus übliche Trend zur Idealisierung und zur überhöhenden Inszenierung schnell vom Dokumentarischen ins Künstlerische oder Propagandistische übergeht. Eine weitere Form des ‹Dokuments› bildet die gestellte und posierte Selbstdarstellung bei der Arbeit oder Ausführung besonderer Kunstfertigkeiten. Diese Form ist oft die einzige Werbemöglichkeit in den produktlosen Dienstleistungs- und Unterhaltungsbranchen, wie etwa dem phantastischen Milieu von Zirkus und Variété. Die bildliche Gestaltung kann vom einfachen Dokumentarfoto zur künstlerischen oder reißerischen Fotomontage reichen, die ‹als Foto› immer noch dokumentarischen Anspruch erhebt.

118>
‹Sensation in Gold› nannten sich die ‹Zwei Frontinis›, die ihre «Spitzenleistung akrobatischer Schönheit in Original Goldbronze» 1938 im Thalia-Theater in Wuppertal zeigten und mit dieser Karte ihre Künste dem Eden-Theater in Hamburg-St. Pauli anboten. Während die Karte noch von den kubistischen Stilmitteln der zwanziger Jahre beeinflußt ist, huldigte der golden schillernde Schaubühnenklassizismus der beiden Athleten wohl eher der zeitgemäßen ‹Kraft durch Freude›.
Lichtdruck, gestempelt 1938
Druck: Graphische Anstalt Gebr. Garloff, Magdeburg

119>
Ein abenteuerliches Leben muß Willy Schwiegershausen aus Leipzig geführt haben. In ihrer stilistischen Aufmachung ist seine Postkarte manchen Titelseiten der Boulevardpresse vergleichbar: Ein Reportagefoto erfaßt den Helden in Aktion; eine Schlagzeile mit den sensationellsten Fakten im Untertext weckt zusammen mit der fotografischen Aufzählung weiterer spannender Details Neugier und Phantasie. Auch hier griff man zu den Möglichkeiten der Fotomontage, um den Helden spannender ins Bild zu setzen.
Lichtdruck, um 1910
Druck: Mohr u. Dutzauer, Leipzig

118

119

120
Einige der auf Postkarten dokumentierten Leistungen würden heute – wenn sie stimmen – sicherlich in das Guiness-Buch der Rekorde eingehen. So durchquerte zum Beispiel der Berichterstatter Velden auf dem Dreirad Europa und Amerika; ein Vater schob seine gesamte Familie mit Ehegattin in einem Kinderwagen von Wien nach Paris, und die Globetrotter Warmann und Schiebaum wollten mit einem Riesenfaß gleich die ganze Erde umrunden. Wenn auch der Moselwein in diesem Faß unverfälscht (und in Berlin noch genießbar) gewesen sein sollte, die Karte ist es nicht ganz, zumindest die Schrift wurde teilweise einkopiert.
Lichtdruck, um 1910
Verlag von Rudolf Matyas, Treis (Mosel)

Eine kuriose, aber ernst gemeinte Variante der letzten Gattung stellen die Eigendokumente von Einzelgängern und Sonderlingen dar, die außer sich selbst, ihrer absonderlichen Lebensweise, ihrer ungewöhnlichen Vorhaben oder ihrer missionarischen Anliegen nichts vorzuzeigen hatten: Sektierer, Naturapostel, globetrottende Studenten, kosmopolite Wandervögel, einfache Vagabunden, ‹Wasserschuhläufer›, ‹Reifenschnellschlüpfer›, ‹Faßroller› oder ‹Weltwanderfahrer›, die mit ihrer persönlichen Werbekarte die Grundlage für ihre unkonventionelle Existenz und ihre Wanderpläne suchten und sich zur Steigerung ihrer Attraktivität in kuriosen Verkleidungen oder mit ausgefallenen Fertigkeiten und Vehikeln zur Schau stellten. Zu ihnen gesellten sich in der Wirtschaftskrise der zwanziger Jahre nicht wenige Arbeitslose ohne Aussicht auf einen Arbeitsplatz, die besonders mit selbstgebastelten, kuriosen Fahrzeugen die Aufmerksamkeit auf sich zogen.

Die ersten Schritte zum manipulierten Dokument sind harmlos: kleine Retuschen im Bild, um Firmenschilder mehr herauszuheben oder ein Firmenauto in den Vordergrund einer Weltstadtszene zu schieben ... Viele dieser Korrekturen und Verschönerungen der immer noch realistisch gehaltenen Dokumente sind bei guter Arbeit des Retuscheurs nicht erkennbar. So auf der Karte eines Gastronomen, der in der Neuauflage der Ansicht seines Gartenlokals die gläsertragende Bedienung durch eine elegante Besucherin ersetzen ließ. Das *corriger la nature* praktizierten aber auch die Herausgeber einfacher Ansichtskarten, die ihre Orte mit überfliegenden Flugzeugen oder Luftschiffen und Straßenansichten je nach Situation oder Geschmack durch Hinein- oder Herausretuschieren von Autos oder Straßenbahnen aufwerteten.

Der Sprung von der Werbung mit Dokumenten über sich selbst zur Werbung mit frei umgestalteten oder ganz fingierten Dokumenten eröffnet ein weites Feld für künstlerische und bildtaktische, fotografische und malerische Lösungen. Für alle ist charakteristisch, daß sie vordergründig einen dokumentarischen Schauplatz vortäuschen, in dem als Bild im Bild auch Werbung stattfindet. Die Realitätsfiktion ist nur eine Frage des Geschicks des Künstlers, während sich die Frage der dokumentarischen Authentizität selbst nur beim Foto stellt. Neben den großzügigen, bewußt auffälligen Lösungen gibt es solche, die den Eindruck von Schleichwerbung erwekken, da die Namenshinweise so unauffällig ins Bild gebracht sind, als wollten sie nur von aufmerksamen Betrachtern entdeckt werden. Es sind Inschriften auf Litfaßsäulen, auf Haus- und Metrowänden, auf Bauchläden oder Verkaufsbuden. Die überraschende Bescheidenheit hat allerdings einen Grund: es handelt sich fast immer um die Eigenwerbung der Postkartenverlage – auf Karten, die sie als normale Ansichten oder als Juxkarten auf Volksfesten verkauften.

Am weitesten geht die heimliche Verführung im Dokumentarstil mit frei erfundenen Fotos, die falsche Realitäten ins Spiel bringen, um Illusionen zu wecken und Wunschträume für den Verkaufserfolg zu pflegen.

Am häufigsten wird zweifellos in der Politik mit der völligen Verfälschung von Fotodokumenten zur bewußten Irreführung der Öffentlichkeit gearbeitet. Die charismatische Verherrlichung der Faschistenführer Mussolini und Hitler auf Fotokarten ist nicht zuletzt das Werk ihrer Fotografen im meisterlichen Umgang mit Retusche und Montage. Die perfideste Form der Fotoverfälschung dient der Geschichtsfälschung, indem etwa in Ungnade gefallene Politiker aus alten Aufnahmen eliminiert oder eigene Greueltaten mit entsprechenden Texten dem Feind unterstellt werden. Die Dorfruine, die in einer für das Produkt Lysoform im Ersten Weltkrieg herausgegegebenen Fotoserie als das Werk russischer Zerstörungswut an der Ostfront vorgestellt wurde, in Wirklichkeit jedoch immer noch erkennbar die Trümmer der französischen Ortschaft St. Mihiel darstellte, ist nur ein harmloses Beispiel dafür.

Die Postkarte in den zwanziger Jahren

121
In der Mitte der zwanziger Jahre wurde der Rundfunkempfang auch über den Atlantik möglich. Der Valvo Wechselstrom-Empfänger RRF 1 machte es möglich. Geisterhafte Hände greifen von allen Seiten nach diesem Zauberkasten, der von einer okkult anmutenden Art Déco-Schönheit präsentiert wird. Als diese Postkarte erschien, gehörte die Firma Valvo bereits zu Philips. Farblithographie, 1928

Ende des Bilderrausches und neue Chancen

Nach dem Ersten Weltkrieg verlor die Postkarte weitgehend ihre vorher fast monopolartige Rolle als postalisches Informations- und gesellschaftliches Kontaktinstrument. Schon vorher hatte der Krieg ihrem genuinen Charme, der trivialen Naivität, mit der sie unbekümmert in ihrer Blütezeit das ganze Spektrum zwischen Kunst und Kitsch in Bewegung hielt, ein fast nur noch peinlich-kitschiges Ende bereitet. Nach der übereifrigen Anpassung an den überspannten, realitätsblinden Kriegsrausch der preußischen Führung fiel sie gesichtslos in die Konkursmasse des Deutschen Reiches. Damit schwand auch das kommerzielle verlegerische Interesse, das vorher unter Konkurrenzdruck soviel Ideenreichtum und Geschmack investiert hatte.
Es wäre allerdings falsch, die Bildpostkarte mit dem Ende des Ersten Weltkrieges für tot zu erklären. Quantitativ stark reduziert, lebte sie doch da fort, wo sie unter neuen kommerziellen und technischen Bedingungen ihre alten Funktionen zur Geltung bringen konnte; dies war vor allem auf dem Feld der dokumentarischen Fotografie und in der Werbung der Fall. Während der revolutionären Zustände in München und Berlin ersetzte die aktuelle Reportagekarte zeitweilig die ausgefallene Zeitschriftenpresse, später erlebte die Starporträtkarte als Sammelkarte unter den Kinogängern einen neuen Aufschwung. In der Werbung besann sich nicht nur die Wirtschaft der Vorteile der Bildpostkarte, auch die Parteien, denen die Neugestaltung des Staates zugefallen war, entdeckten die Karte für die Wahlpropaganda. Durch ihre Anpassungsfähigkeit an Stil und Themen jeder Epoche blieb die Karte gerade für die publizistische Selbstdarstellung und als dokumentarischer Erinnerungsträger interessant. Unvermeidlich war der Funktionsverlust in der privaten Gefühls- und Informationsvermittlung; hier setzten das Telefon und das stets aktuelle Radio neue Maßstäbe. Es ist daher nicht verwunderlich, daß zwar nicht die Bildpostkarte als solche,

jedoch die Ikonographie der ‹guten alten Zeit› mit dem Krieg ein radikales Ende fand. Engel, Zwerge, Frösche, Störche und Maikäfer verschwanden ebenso wie Glanz und Gloria der kaiserlichen Zeiten. Der kulturelle und ideelle Einbruch durch das Kriegsdesaster wirkte sich im kaiser- und fortschrittseuphorischen Deutschland wohl am stärksten aus. Die Wirtschaftsmisere der Nachkriegszeit tat ein übriges, die Kontinuität der Postkartenkultur in zeitgemäßem Stile zu erschweren. Dies wird besonders deutlich im Vergleich zu Italien, wo bei offensichtlich ungebrochener Beliebtheit als Gefühls- und Glückwunschbotschafter die Bildkarte im zeitgemäßen Art Déco-Stil eine neue populäre Blüte erlebte. Auch in der nun vom akademischen Kunstbetrieb emanzipierten Gebrauchsgraphik erkannte man die Postkarte wieder als eigenständigen, postalisch nutzbaren Bild- und Werbeträger.

Abstraktion auf neuen Wegen

In Deutschland entwickelte sich in dem Zeitraum zwischen 1918 und 1933, der Zeit zwischen dem Ende des Ersten Weltkrieges und der Machtübernahme Hitlers, eine schillernde und kunstgeschichtlich höchst bemerkenswerte Vielfalt neuer Stilrichtungen, die fast ausnahmslos ihren Eingang in die Gebrauchsgraphik fanden.
Vom Expressionismus, der in seinen Grundzügen bereits vor Ausbruch des Ersten Weltkrieges angelegt worden war, über Kubismus, Neue Sachlichkeit, Art Déco, Konstruktivismus bis hin zum Surrealismus: die verschiedenen Kunstströmungen dieser Zeit prägten die künstlerischen Auseinandersetzungen. Auf ihre stilistischen Merkmale und Besonderheiten kann hier im einzelnen nicht eingegangen werden, wohl aber können die abgebildeten Karten als Beleg dafür gewertet werden, daß beinahe jede Stilrichtung sich auch im Medium Postkarte in modifizierter Ausdrucksform verwirklichen konnte.
Die Gebrauchsgraphik hatte sich nun von der ornamentalen Verspieltheit des Jugendstils gelöst und beschritt, besonders über die Formenwelt des Kubismus, den Weg in die Abstraktion. Die originelle Idee stellte sich nun als zentrale Aufgabe. Neue Impulse erhielten einige Künstler auch durch die Forderungen des Bauhauslehrers László Moholy-Nagy, der neue Einsatzmöglichkeiten der Typographie lehrte. An Stelle eines herkömmlichen Bildaufbaus, bei dem meist die gesamte Fläche ausgefüllt war, trat nun die Komposition des asymmetrischen Gleichgewichtes unter Einbeziehung leerer Räume. Einschränkend muß jedoch bemerkt werden, daß die Ideen des Bauhauses seinerzeit einen eher marginalen Einfluß auf die Gebrauchsgraphik ausübten und anspruchsvoll typographisch gestaltete Postkarten die Ausnahme bilden.
Populärer und daher auch häufiger anzutreffen sind Werbekarten im Stil des Art Déco, der durch geometrische Gliederung und dekorative oder funktionale Linienführung gekennzeichnet ist. Die Stilmittel des Art Déco finden sich in ihrer reinsten Form vor allem auf französischen Postkarten, angeregt von den Pariser Art Déco-Künstlern Loupot, Carlu, Colin und Cassandre. Von den letzteren drei Gebrauchsgraphikern sind auch herausragende Postkarten bekannt. Obwohl viele französische Künstler sich dem Kubismus oder dem Surrealismus verschrieben hatten, finden deren Stilelemente keinen wesentlichen Ausdruck auf der Postkarte.
Den eigenwilligsten Weg beschritten italienische Künstler, die sich im wesentlichen vom futuristischen Gedankengut inspirieren ließen. Nach der ersten futuristischen Bewegung, die durch den Ersten Weltkrieg unterbrochen wurde, kam in der Gebrauchsgraphik wie auch im Kunstgewerbe die zweite futuristische Bewegung zur vollen Blüte. Im Gegensatz zum deutschen Nationalsozialismus, der Avantgarde-Kunst als entartet diffamierte und unterdrückte, förderten die italienischen Faschisten sogar den Futurismus.
Die zwanziger Jahre, die später zu den goldenen Zwanzigern verklärt wurden, waren eine Zeit voller Gegensätze, politischer und sozialer Spannungen. Sie waren geprägt vom Drang, die Augen vor dem Vergangenen zu schließen, die zerstörten Illusionen, die langen Entbehrungen und persönlichen Opfer zu vergessen. Der Jazz, das Kino, die Kontinente überfliegenden Zeppeline, die Mode und das Automobil waren tagesfüllende Themen der Zeit. Eine fast morbide luxus- und konsumorientierte Lebenslust prägt auch die meisten Karten, die damals entstanden und uns heute noch etwas über den ‹Geist der Zeit› berichten.

122
Adolf Münzer studierte an der Münchner Akademie und wurde Mitarbeiter der ‹Jugend›, für die er auch Titelseiten entwarf. Seit 1909 war er Lehrer an der Akademie in Düsseldorf. Für die Ausstellung der Pressa zeigt er in einer pointierten Form Deutschlands Bemühungen, die durch den Krieg unterbrochene Beziehung mit ausländischen Nationen wieder aufzunehmen. Farblithographie, 1928, signiert Adolf Münzer

123
Als gelernter Dekorationsmaler besuchte Hanns Herkendell die Düsseldorfer Kunstgewerbeschule und studierte bei Peter Behrens. Danach arbeitete er als Maler und Graphiker. Diese typographisch beispielhafte Städtewerbung existiert auch mit dem englischen Untertitel ‹The Model City on the Rhine› und wurde mit einem Ehrenpreis ausgezeichnet.
Buchdruck, um 1925, signiert Hanns Herkendell-D'Dorf
Druck: Offsetdruck Fr. Dietz, Düsseldorf

124
Adolf Behne, für dessen Vortrag diese Karte von Walter Kampmann warb, lobte in der Zeitschrift ‹Das Plakat› (1921, S. 319 f.) den Künstler für sein Bemühen, die graphische Form mit dem Inhalt in Einklang zu bringen. Gleichzeitig hielt er die Versuche teilweise für mißglückt, da Kampmann auch die Schrift zum Werkzeug seiner für expressionistisch gehaltenen Gefühlssymbolik mache. Eine Beseelung der Schrift sei aber nicht möglich. Das Ergebnis mute dem lesenden Auge zu, wie ein Eichhörnchen eine Wendeltreppe auf und ab zu klettern.
Buchdruck, signiert Kampmann 21

125
Walter Schnackenberg kam 1897 aus Lauterberg/Harz nach München. Hier studierte er zunächst an der Malschule Knirr und besuchte anschließend ein weiteres Jahr die Münchner Akademie, wo er bei Franz v. Stuck lernte. Von 1908 bis 1909 arbeitete Schnackenberg in Paris und unterhielt dort ein eigenes Studio, kehrte jedoch wieder nach München zurück, um als Gebrauchsgraphiker und Bühnenbildner zu arbeiten. Sein Name verbindet sich vor allem mit Arbeiten für die Münchner Nobellokale wie das Odeon-Casino, die Bonbonnière oder das Deutsche Theater. Sein favorisiertes Motiv waren schlanke, mondäne Vamps der morbiden Lebewelt. Mit virtuosem Pinselstrich, ein wenig an Toulouse-Lautrec erinnernd, verstand er es meisterhaft, diese ganz im Stil der zwanziger Jahre auf Plakaten, Programmheften und Postkarten festzuhalten. Die abgebildete Postkarte wirbt für das Lokal ‹Die Pyramide› in der Galeriestraße.
Farblithographie, gestempelt 1924, signiert Schnackenberg
Druck: Consée AG, München

126
Ganz im Stil der Neuen Sachlichkeit präsentiert sich dieser Arbeiter vor dem Hintergrund einer Fabrikanlage im Ruhrgebiet. Der Entwerfer wollte offensichtlich eine Identifikationsfigur für die zahlenmäßig stärkste Abnehmergruppe schaffen. Er wählte ein realistisches Milieu, einen Industriearbeiter, der in einfacher, strenger Würde sein Bier zu sich nimmt. Daß die Werbung hier die soziale Zielgruppe selbst darstellt und nicht deren bürgerliche Wunschwelt, war eher selten. Die Postkarte wurde zusammen mit anderen in einem Abrißblock von der Dortmunder Aktien-Brauerei herausgegeben.
Farblithographie, um 1928, signiert RE

127/128
In ihrer typographischen Gestaltung und ihren geometrisierenden Formen entsprechen die beiden Karten ganz den Forderungen von Moholy-Nagy, der einen harmonischen Einklang von Schrift und Bild postulierte. Die rückseitigen Aufdrucke, ‹Schaffe gesunde trockene Wohnungen› und ‹Pflege Dein Haus›, lassen jedoch darauf schließen, daß diese Karten nicht von Bauhausschülern, sondern von Angehörigen des Werkbundes gestaltet wurden. Farblithographien, um 1928

129
Max Snischek, der diese konstruktivistische Werbepostkarte für Faschingskostümstoffe der Wiener Werkstätte entwarf, leitete dort auch die Modeabteilung. Vermutlich wurden alle Postkarten dieser Auflage an einem einzigen Tag an Freunde und Kunden der Wiener Werkstätte verschickt. Farblithographie, 1929, signiert M.S. (Snischek)

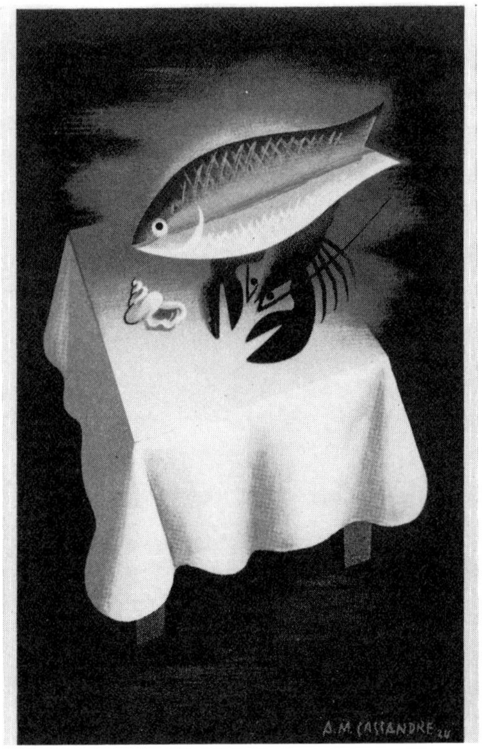

130/131
Im Frankreich der zwanziger und dreißiger Jahre galt A. M. Cassandre als unumstrittener Meister der Neuen Sachlichkeit auf dem Sektor der Gebrauchsgraphik. Er wurde vor allem durch seine Plakate für Eisenbahnlinien und Schifffahrtsgesellschaften berühmt. Ab 1930 verlegte er seine Druckwerke in der von ihm gegründeten ‹Alliance Graphique›. Cassandre perfektionierte in seinen Sachplakaten die Einheit von Schrift und Bild, womit er auch über die Landesgrenzen hinaus bekannt wurde.
Links: Farblithographie für das Fischlokal Maison Prunier, 1934, signiert A. M. Cassandre
Rechts: Farblithographie für den Aperitif Pivolo, 1924, signiert A. M. Cassandre

132
Die künstlerischen Gestaltungsmittel des Art Déco mit seinen klaren Linien und geometrischen Formen finden auf der Postkarte für Toneline-Öl einen überzeugenden Ausdruck. Die Schrift ist effektvoll plaziert, indem die Überschneidungen der gleißenden Scheinwerferlichter eine weiße Fläche für sie aussparen.
Rasterdruck, um 1925
Verlag: Gile Nicaud, Paris

133
Der gebürtige Franzose Lucien Achille Mauzan startete seine Karriere in Italien, wo er bald zu einem der beliebtesten Postkartenkünstler avancierte. Man schätzt allein die Zahl seiner Postkartenentwürfe, die er neben Plakaten, Gemälden und Skulpturen schuf, auf einige tausend. Mauzans Arbeiten wirken charmant, sehr lebhaft und strahlen eine unbekümmerte Lebensfreude aus.
Farblithographie, 1925, signiert Mauzan
Druck: Edizioni Mauzan Morzenti, Mailand

134
Otto Arpke hatte bei Lucian Bernhard eine Ausbildung als Lithograph erhalten und zählte zu den erfolgversprechenden neuen Talenten. Auf Postkarten bekannt sind unter anderem seine zu Piktogrammen reduzierten Männchen, die für Kalk-Stickstoff werben. Das gleichzeitig erschienene Plakat für die Internationale Pelzfach-Ausstellung enthält zusätzlich die Textzeile: Internationale Jagd-Ausstellung.
Buchdruck, 1930, signiert Arpke

135
Das Avantgarde-Kino ‹Studio 28› kündigte mit dieser Karte ein vielversprechendes Pro gramm an. Vorgeführt werden sollten der Film ‹Marine et Danses› von Abel Gance, ein russischer Film ‹3 im Kellergeschoß›, Laterna Magica, Mauerprojektionen und ein Mechanisches Orchester.
Rasterdruck, gestempelt 1928

136
In ihrer nationalen Begeisterung stellten italienische Künstler mit Vorliebe zentrale Bildbestandteile in den Nationalfarben dar. Auf der Karte für das Automobilrennen in Monza bilden die surrealistisch verzogenen Rennautos die Trikolore in den Farben Grün-Weiß-Rot. Wie auf vielen Ausstellungs- und Veranstaltungskarten ist das Lektorenbündel – das Emblem der Faschisten – ein fester Bildbestandteil; häufig wird es so geschickt eingebaut, daß es erst auf den zweiten Blick erkennbar ist.
Farblithographie, 1933, signiert Cesare Gobbo
Druck: Istituto Romano di Arti Grafiche, Rom

137
Großes Aufsehen erregten die ersten Transatlantikflüge, wie hier der erste Flug von Italien nach Brasilien, der symbolisch durch fliegende Vögel dargestellt ist. Das Flugzeug wurde von einem FIAT-Motor angetrieben.
Farblithographie, 1930, signiert G. Padua

138
Ein reichhaltiges Postkartenwerk hinterließ der Futurist Fortunato Depero. Ihm sind die spannendsten italienischen Karten zuzurechnen, farbenfroh, ideenreich und einprägsam. Depero kann als Universaltalent bezeichnet werden, er schuf Möbel und Umschlagseiten für bekannte Zeitschriften und war als Bühnenbildner und Innenausstatter für Lokale tätig.
Postkarte für die Schokoladenfabrik Venchi-Unica, Turin
Farblithographie, 1927, signiert F. Depero, Rovereto
Druck: Grafiche Succ. Papini, Vanoni & C., Mailand

139
Mit dieser ungewöhnlichen, futuristisch gestalteten Postkarte warb die Firma Bonelli Fratelli für ein Chininpräparat. Die Rückseite war als Bestellkarte zu verwenden, mit der Ärzte dieses Medikament als Muster anfordern konnten.
Farblithographie, um 1932, signiert Saltini

140
Nicolai Diulgheroff studierte an den Kunstgewerbeschulen Wien und Dresden, am Bauhaus in Weimar und an der Scuola Superiore di Architettura in Turin. 1926 schloß er sich der futuristischen Bewegung in Turin an. Von Diulgheroff sind vier Postkarten bekannt, darunter eine, die er auf Metall druckte. Die abgebildete Karte entwarf er für die Eisenbahnlinie Canavese.
Farblithographie, 1930, signiert Diulgheroff
Druck: Studio Argo, Turin

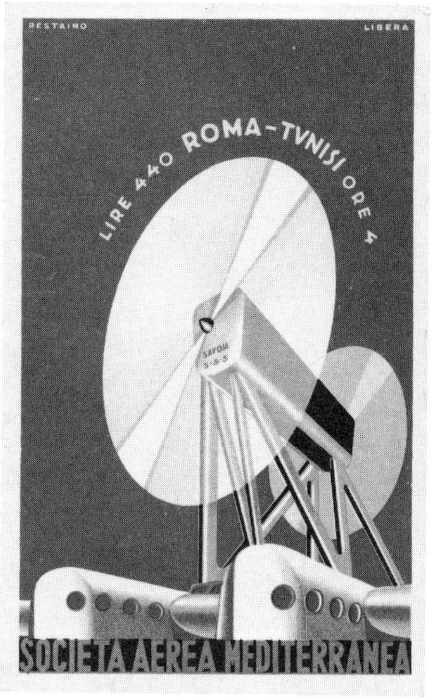

141
In vier Stunden konnte man mit diesem eindrucksvollen Wasserflugzeug von Rom nach Tunis fliegen. In dieser Darstellung ist noch der futuristische Einfluß mit seiner Begeisterung für Kraft, Maschinen und Geschwindigkeit zu spüren, der sich in der perspektivischen Konzentration auf den mächtigen Motorblock mit seinen rotierenden Propellern äußert.
Farblithographie, um 1930, signiert Restaino, Libera
Druck: Barabino e. Graeve, Genua

142
Mario Sironi arbeitete zuerst im Studio von Balla. Nach der Begegnung mit Severini und Boccioni trat er 1914 den Futuristen bei, deren Wortführer Marinetti war. Nach dem Krieg organisierte er 1926 die erste, 1929 die zweite ‹Novecento›-Ausstellung. Er entwarf Postkarten für die Firma FIAT, für RIV-Kugellager und für die Tageszeitung ‹Gli Avvenimenti›.
Farblithographie, 1929, signiert S (Sironi)

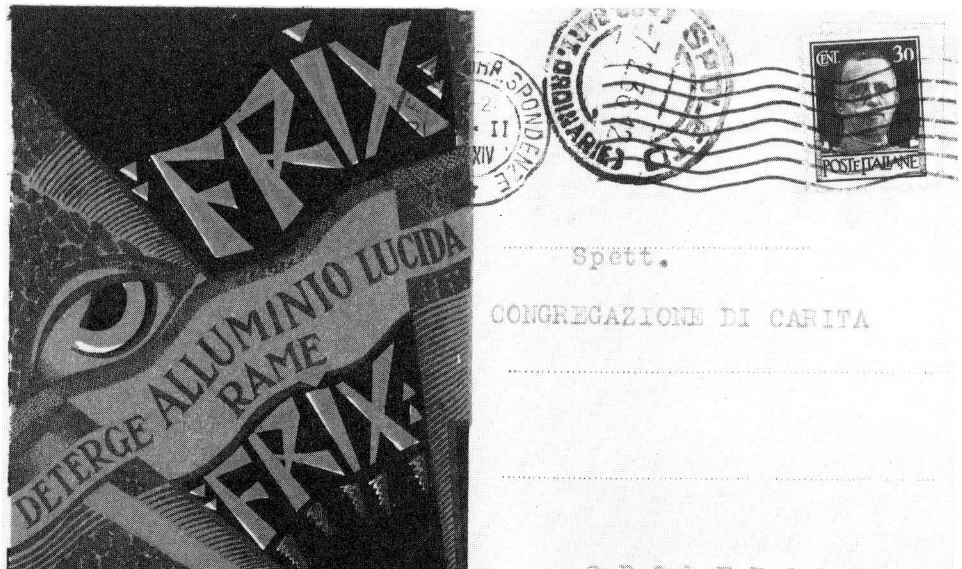

143
Die Postkarte für das Reinigungsmittel Frix enthüllt erst bei genauer Betrachtung ihr Geheimnis. Der Markenname Frix stellt Auge und Mund dar, die sich mit den anderen Bildelementen zu einem Gesicht ergänzen, wobei die schwarzen Flächen noch ungereinigte Teile symbolisieren sollen.
Farblithographie, gestempelt 1936, signiert Lisandro

144
Federico Seneca arbeitete seit 1922 als fester Mitarbeiter für die Schokoladenfabrik Perugina. Seine eigentümlichen gesichtslosen Figuren lassen sowohl futuristische als auch postkubistische Stilelemente erkennen.
Farblithographie, um 1925, signiert Seneca
Druck: Stab. V. Bartelli & C., Perugia

145
Sergio Tofano war in erster Linie als Modezeichner und Illustrator für Zeitschriften tätig. Er signierte seine eleganten, immer etwas ironisch gehaltenen Zeichnungen stets mit den Buchstaben STO. Seine Abenteurerfigur Bonaventura siegt in jeder heiklen Lebenslage mit einer Champagnerflasche der Marke Ayala.
Farblithographie, 1927, signiert STO
Druck: Gros Monti & C. Turin

146
Die neuen, vielseitigen Ausdrucksmöglichkeiten der Typographie fanden vor allem auf italienischen Postkarten einen klaren, aber auch phantasievoll-verspielten Ausdruck. Hier nahmen Künstler die Gelegenheit wahr, mit Buchstaben und Zeichen zu experimentieren. Am deutlichsten kommt dies in den ideogrammatischen Entwürfen zum Ausdruck, wo fast ausschließlich Piktogramme und Buchstaben zu einer Bildkomposition zusammengefügt werden.
Farblithographie, 1934, signiert Latis
Druck: Artigraf Navarra, Mailand

147
Duilio Cambellotti gestaltete nicht nur zwei Werbekarten für die Aufführung der klassischen Dramen von Aischylos und Sophokles, er entwarf auch die Bühnenbilder und und die Kostüme dafür.
Farblithographie, 1924, signiert D. C. (Cambellotti)
Druck: Giusto & Mazzoleni, Catania

Das Bauhaus

Ein besonderer Rang kommt den Postkarten zu, die von den Mitarbeitern des Bauhauses anläßlich der großen Bauhausausstellung im Jahre 1923 gestaltet wurden.
Mit dieser Ausstellung trat das 1919 von Walter Gropius in Weimar gegründete Bauhaus erstmals an die Öffentlichkeit und legte Rechenschaft ab über seine Aktivitäten der vorausgegangenen Jahre.
Die Ausstellung selbst stand unter dem Thema ‹Kunst und Technik, eine neue Einheit› und fand im Jugendstil-Werkgebäude der ehemaligen großherzoglichen Akademie statt, das von Henry van der Velde entworfen worden war. Die Ausgestaltung der Innenräume besorgten Bayer, Schlemmer und Schmidt. Der Erfolg dieser Ausstellung markierte zugleich auch einen Wendepunkt in der Entwicklung des Bauhauses. Das Bauhaus wurde zu einem Begriff.
Die insgesamt 20 Ausstellungspostkarten, die von Bauhausmeistern und Schülern dieser Anstalt entworfen wurden, waren auch als Einladungskarten gedacht und erschienen als Originallithographien in kleiner Auflage. Sie wurden in der bauhauseigenen Druckerei vorbereitet, den Druck selbst führte die Fa. Reineck & Klein, Weimar aus. Die Adreßseite der Karten trägt links oben den Druckzusatz ‹Staatliches Bauhaus Weimar/Ausstellung 1923/Ende Juli-September›, sowie eine Nummer von 1–20 mit dem Namen des Künstlers. Da die Ausstellung erst am 15. August eröffnet werden konnte, die Postkarten aber schon fertiggestellt waren, berichtigte man das Datum mit einem Stempelaufdruck unterhalb des gedruckten Textes: ‹Ausstellung 15. August – 30. September›. Obwohl sich das Bauhaus nicht als Ausbildungsstätte für Malerei verstand und seine Schwerpunkte in den Bereichen industrieller Formgebung und Architektur lagen, offenbaren die Postkarten auch den Willen zu malerischen Ausdrucksmöglichkeiten. Von den Schülern, die zu den Postkartenentwerfern zählten, rückten Bayer und Schmidt kurze Zeit später selbst in den Rang von Meistern auf.
Für die internen Feste der Schule, die Drachen- und Laternenfeste, gestaltete man bereits 1921 und 1922 Postkarten in Auflagen von etwa 30 Stück. Auf diesen fehlte zwar der Adreß-Vordruck, doch waren sie als Postkarten gedacht und wurden zum Teil von den Künstlern selbst verschickt. Sie alle wurden als Schwarz-Weiß-Lithogra-

148
Paul Klee wurde 1920 von Gropius ans Bauhaus berufen und lehrte dort bis 1931. Er unterrichtete zuerst Glasmalerei, später führte er die Webereiklasse, ab 1928 hatte er auch eine Malklasse. Klee gestaltete die Bauhauspostkarten Nr. 4 ‹Die erhabene Seite› und Nr. 5 ‹Die heitere Seite›. Im Jahr 1931 wurde er Professor an der Kunstakademie in Düsseldorf, 1933 von den Nazis als ‹entarteter Künstler› entlassen. Er verließ Deutschland und kehrte in seine Heimat nach Bern zurück.
Farblithographie, 1923

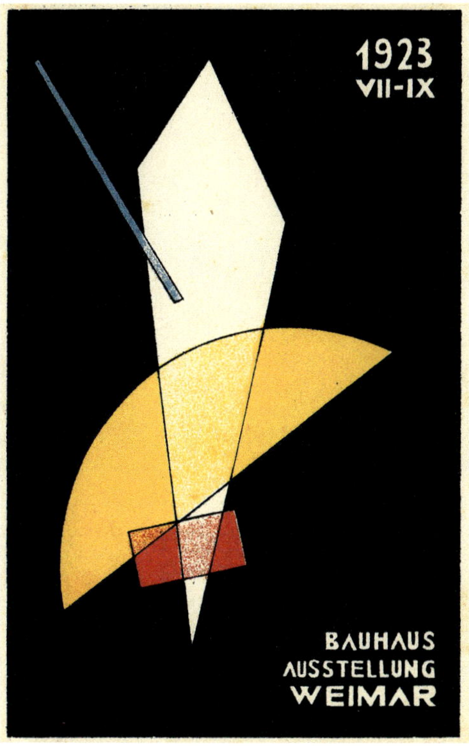

149
Lásló Moholy-Nagy trat 1923 dem Bauhaus als Lehrer bei. Er übernahm den Vorkurs von Itten und die Metallwerkstatt von Klee. 1925 gab er zusammen mit Gropius die Bauhausbücher heraus. Moholy-Nagy war in den verschiedensten Gebieten der bildenden Kunst tätig, in der Fotografie, der Typographie und der Malerei. Darüberhinaus gestaltete er Filme und experimentierte mit Licht und Farben. Innerhalb der Bauhauspostkarten zeichnete er die Nr. 7 ‹Geometrische Formen›.
Farblithographie, 1923

150
Als Herbert Bayer die beiden Postkarten Nr. 11 ‹Geometrische Formen› und Nr. 12 ‹Variation über Bauhaussignet› komponierte, war er noch Schüler in der Abteilung Wandmalerei. Doch bereits in dieser Zeit beschäftigte er sich intensiv mit den Gestaltungsmöglichkeiten der Typographie. Als das Bauhaus 1925 nach Dessau übersiedelte, beauftragte man ihn als Jungmeister mit der Leitung der Druckerei- und Reklamewerkstatt. In den Jahren 1928–1938 arbeitete er als Typograph und Werbegraphiker in Berlin. Bayer emigrierte anschließend in die USA.
Farblithographie, 1923

151
Über die Laternenfeste schreibt Lothar Schreyer in seinen ‹Erinnerungen an Sturm und Bauhaus›: «Wochenlang arbeiteten die Werkstätten nur für diese Feste. Keine Mühe war zu groß, die phantastischen Formen zu sinngemäßen Lichtträgern zu gestalten. Wenn dann die rechte Sommernacht kam... zogen wir in langer Kette durch den Park, weit um die Höhen, durch die Stadt, eine Schar von Lichtträgern in der Dunkelheit, manchmal singend, manchmal schweigend...».
Lithographie, handkoloriert, 1922

phien gedruckt und anschließend mit Buntstift oder Aquarellfarben koloriert. Noch ist unklar, ob dies durch die Meister selbst erfolgte, oder ob sie dies als Gestaltungsübung ihren Schülern übertrugen.
Für die beiden Drachenfeste sind uns Postkarten von Dicker, Klee, Schlemmer und Schreyer bekannt, für die Laternenfeste entwarf neben Schlemmer und Schreyer auch Wolfgang Molnar eine Postkarte.

Expressionistische Karten

Expressionistische Postkarten sind selten. Das hängt zum einen damit zusammen, daß schon in der Zeit ihres Erscheinens der Freundeskreis dieser unpopulären, kritisch engagierten Kunstbewegung sehr klein gewesen ist. Auch widersprach es dem kultur- und sozialkritischen Selbstbewußtsein der meisten Expressionisten, sich für kommerzielle Interessen zu verkaufen. Zum anderen konnten die möglichen Auftraggeber aus Industrie und Handel die ekstatische, aufwühlende und jede ästhetische Gefälligkeit ablehnende Ausdrucksweise wohl kaum für ihre Zwecke geeignet finden. Dennoch gibt es eine Anzahl expressionistischer Postkarten, die entweder Gemäldereproduktionen zeigen oder aber als eigenständige Entwürfe für Postkarten gedacht waren. Beide Kategorien kann man zur Gattung der Galerie-Karten zählen, die von meist avantgardistisch engagierten Verlegern und Kunsthändlern, aber auch von Museen aufgelegt wurden, um damit für sich und für die von ihnen vertretenen Künstler und Werke zu werben.
Zu der ersten Kategorie gehören die meisten Karten der 1910 ins Leben gerufenen Zeitschrift ‹Der Sturm›: Ihr Herausgeber Herwarth Walden gründete im Jahre 1912 unter dem gleichen Namen noch einen Verlag und eine Galerie und 1916 eine Kunstschule. Seinem Engagement verdanken es Mitglieder der Künstlergemeinschaften ‹Brücke› und ‹Blauer Reiter›, daß sie über die Landesgrenzen hinaus bekannt wurden. Walden stellte in seiner Galerie aber auch erstmals italienische Futuristen, französische Kubisten sowie Werke von Kokoschka und Chagall aus. Im Jahre 1913 organisierte er den ‹Ersten deutschen Herbstsalon›, eine 360 Gemälde umfassende Kunstschau, die wohl die bedeutendste Ausstellung europäischer Avantgarde gewesen ist. Von dieser Ausstellung gibt es Karten, welche einige der Werke zeigen. Walden ließ auch Fotos der für den ‹Sturm› tätigen Künstler als Postkarten repoduzieren. Neben diesen Karten, die «... infolge geringer finanzieller Möglichkeiten ... von erstaunlich mäßiger Druckqualität sind ...» (Kunst und Postkarte 1970, S. 12), gab der Verlag auch einige Werbekarten für Einzelausstellungen und für das Programm des ‹Sturm› selbst heraus. Ferner existieren Textkarten für Zeitschriften, die in der 1916 gegründeten ‹Sturm Buch- und Kunsthandlung› erhältlich waren.
Die vielfältigen Aktivitäten von Walden lassen nicht nur seine unternehmerische Tatkraft erkennen, sondern auch ein Gesamtkonzept, das in Form eines Einzelunternehmens und über eine ‹Gesellschaft der Sturmfreunde e. V.› dem Werkstattgedanken von der umfassenden, alle Lebensbereiche durchdringenden Kunst und der Wunschvorstellung von einer Verbindung von Kunst und Volk nahe stand. Eine der Programmkarten gibt folgenden Überblick über die Aktivitäten: Die Monatsschrift ‹Der Sturm› (halbjährlich 6 Mark, für ‹Sturmfreunde› halber Preis), ständige Ausstellungen über Expressionismus, Kubismus und Konstruktivismus, aber auch Volkskunst, Kunst der Südsee und Afrikas, Handwebereien, Keramik und Bauernarbeiten, ein Lesesaal mit 50 ausländischen Zeitschriften, ‹Sturmabende› mit Vorlesungen und ein ‹Sturm-Kabarett› jeden Mittwoch.
Auch die seit 1911 in Berlin von Franz Pfemfert verlegte Zeitschrift ‹Die Aktion› gab Karten der für sie arbeitenden Künstler heraus; sie sind im Gegensatz zu den Karten des ‹Sturm› von besserer Druckqualität und können als ‹originalähnliche Auflagendrucke› angesehen werden.
Das Hauptinteresse der ‹Aktion› lag in der Veröffentlichung expressionistischer Literatur, als deren wichtigstes Sprachrohr sie lange galt. Zu dem Kreis ihrer Illustratoren zählten aber auch herausragende Namen der Avantgarde, wie beispielsweise Egon Schiele, Lyonel Feininger, Heinrich Vogeler, Karl Schmidt-Rottluff und Max Oppenheimer.
‹Die Aktion› empfahl sich in ihrem Impressum mit einem Zitat von Franz Blei im ‹Losen Vogel›: «Die Berliner Wochenzeitung DIE AKTION sei empfohlen, denn sie ist mutig ohne Literatenfrechheit, leidenschaftlich ohne Phrase und gebildet ohne Dünkel.» Die Zeitschrift kostete damals

152
Während die Postkarten Nr. 1–8 von den Bauhausmeistern gestaltet wurden, gaben Nr. 9–20 den Schülern Gelegenheit, sich mit ihren Vorschlägen einzubringen. Im Blickpunkt der Karte Nr. 10, ‹Variation über Bauhaussignet› von Rudolf Baschant, steht das Bauhaussignet, entworfen 1923 von Oskar Schlemmer.
Farblithographie, 1923

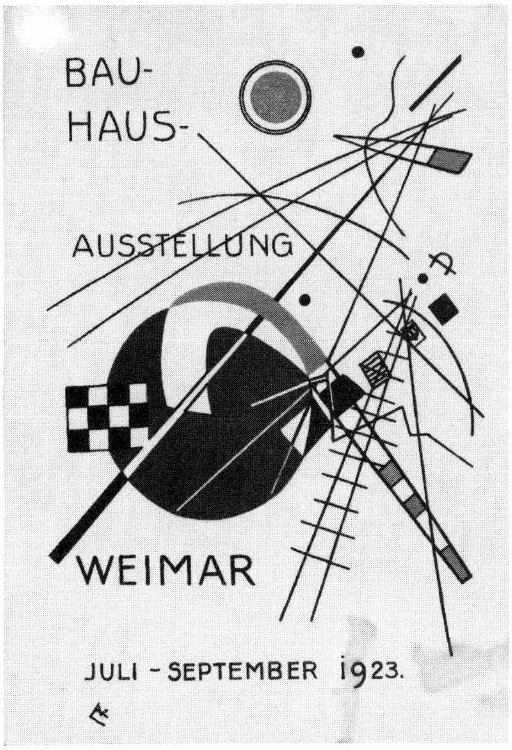

153
Wassily Kandinsky gilt als einer der Begründer der abstrakten Kunst. Als Bauhausmeister hielt er Kurse für Analytisches Zeichnen und das Farbenseminar. Wie Klee hatte er ab 1928 auch eine freie Malklasse. Auch Kandinsky emigrierte 1933 und ließ sich in einem Vorort von Paris nieder. Seine Bauhauskarte Nr. 3 trägt die Bezeichnung ‹Komposition›.
Farblithographie, 1923

154
‹Widmungsblatt für die AKTION› von Hans Richter. Richter (1888–1976) war ein vielseitiges Talent. Als Maler, Schriftsteller und Filmexperimentator gehörte er fast allen avantgardistischen Gruppen an. 1921 produzierte er ‹Rhythme 21›, den ersten abstrakten Film. Die den expressiven Ausdruck unterstreichende Technik des Holzschnitts mit seinen kantigen Konturen und seinem harten Schwarzweiß-Kontrast kommt auf dieser Karte voll zur Geltung.
Buchdruck, um 1912

155
Diese Karte zeigt den seltenen Versuch, die Ausdruckskraft des Expressionismus ästhetisch für die Werbung zu nutzen. Die Möglichkeit ergab sich durch die Entscheidung, nicht das Produkt oder seine Verwendung anzupreisen, sondern den machtvollen Vorgang der Erzeugung darzustellen. Gedruckt wurde die Karte für eine Gießerei-Fach-Ausstellung 1921 in München.
Lithographie, signiert Otto Lietz, München

156
Als Besonderheit kann die im November 1927 vom ‹Sturm› herausgegebene Einladungskarte für eine eigene Ball-Veranstaltung im Zoo angesehen werden. Auf rosa Karton gedruckt, zeigt sie links das Foto von konstruktivistischen Marionetten, die von Alexandra Exter geschaffen wurden. Die rechte Seite kündigt das Künstlerfest der Gesellschaft der Sturmfreunde an. Eintrittskarten konnten nur gegen Vorlage dieser Postkarte bezogen werden.
Rasterdruck, 1927

2,50 Mark vierteljährlich, eine numerierte Büttenausgabe mit Original-Kunstbeilagen 40 Mark im Jahr.
Nach dem Willen des Herausgebers sollte die ‹Aktions-Kunstpostkarte› auch «für die Aktion Propaganda machen. Wir empfehlen unseren Freunden, für ihre Korrespondenz diese Postkarte zu verwenden» (1912, S. 122). 1916 wurden 40 verschiedene Motive angeboten. Der Preis: 1 Mark für 50 Stück, 1,50 Mark für 100 Stück.
Hinsichtlich ihres künstlerischen Hintergrunds gehören in dieses Kapitel auch die wenigen Postkarten der ‹Novembergruppe›, die gestalterisch am überzeugendsten wirken, da ihre typographische Komposition bewußt dem Postkartenformat angepaßt ist. Die ‹Novembergruppe› hatte sich 1918 in Berlin zusammengefunden; zu ihren Mitgliedern zählten Dix, Grosz, Jaekkel, Klein, Pechstein und Richter. Die Vereinigung engagierte sich politisch für die ‹Revolution des Proletariats›; diese Bestrebungen schlugen sich auch auf den Plakaten einiger ihrer Mitglieder nieder. Als Postkarten erschienen jedoch nur Einladungen für Künstler- und Kostümfeste, so zum Beispiel 1926 eine Karte von Max Dungert und 1928 drei Fotocollagen von Georg Tappert.
Entsprechend dem künstlerischen und ideellen Selbstverständnis der meisten expressionistischen Künstler blieb die Werbung in diesem Kunststil fast ausschließlich der Darstellung des eigenen Schaffens, des eigenen Milieus und dem religiösen oder politischen Bekenntnis vorbehalten. Man warb nicht für Firmen und Produkte, sondern für die eigenen Ideen und Überzeugungen, vor allem für die eigene Kunstauffassung. In diesem Sinne werden auf manchen ‹Sturm›-Karten die abgebildeten Werke auch erklärend interpretiert. In den Impressa der Karten werden ausführlich die Aktivitäten und Publikationen der Herausgeber oder auch die Namen der Mitarbeiter aufgeführt. Auf den Aktionskarten wird ein Presseurteil zitiert, und die ähnlich engagierte Halbmonatsschrift ‹Ver!› in Wien stellte auch ihre Karten unter die Devise: «Auf daß der moderne Geist in Allem und Jedem zum Ausdruck komme». Außer im künstlerischen Eigenbereich von Literatur, Illustration und Graphik finden sich markante Beispiele für expressionistische Postkarten nur noch im Bereich der politischen Werbekarten. Vor allem in der Auseinandersetzung mit dem Massenwahn der Kriegsbegeisterung und in der gesellschaftlichen Aufbruchs- und Erneuerungsstimmung der ersten Nachkriegszeit fand der Expressionismus die ihm wesensgemäße Voraussetzung für eine politische Bekenntniskunst.

157
Zukunftsängste in einer politisch und wirtschaftlich unsicheren Zeit reflektiert diese spätexpressionistische Postkarte, die für den Roman ‹Weltenbrand› wirbt. Dieser sollte in der Zeitschrift ‹Daheim› erscheinen. Die Zeitschrift konnte mit dem rückseitigen Vordruck für zwei Mark monatlich abonniert werden. Der Text empfiehlt außerdem: «Geben Sie diese Karte gegebenenfalls an Freunde und Bekannte weiter!»
Farblithographie, 1926, signiert Riemer

Wofür geworben wird

158
Ein auf den Postkarten des Dunlop-Konzerns gern benutztes und variiertes Klischee zeigt die Ehrung Dunlops: «Dem genialen Erfinder des Pneumatik». Automobilisten, Radfahrer, aber auch mythologische und allegorische Figuren legen Kränze und Palmzweige nieder oder verharren in stiller Ehrfurcht vor seinem Denkmal.
Farblithographie, 1913, vermutlich von Fritz Schön
Druck: Vereinigte Kunstanstalten AG, Kaufbeuren

Branchen und Produkte

Eine systematische, vollständige Erfassung aller Produkte, Leistungen und Überzeugungen, für die auf Postkarten geworben wurde, ist hier nicht möglich. Eine systematische Aufreihung nach Produktionen, Handel, Dienstleistungen ergäbe auch eine falsche Spiegelung der tatsächlichen Verbreitung, da zwar für nahezu alles auch die eine oder andere Karte zu finden ist, damit aber nichts über die Häufigkeit und Qualität der Werbung in einzelnen Branchen oder für einzelne Produkte ausgesagt ist. Eine branchenspezifische Erfassung aber wäre Gegenstand einer eigenen, buchfüllenden Darstellung. In ihr müßte beispielsweise zum Ausdruck kommen, daß für Luxusgüter überdurchschnittlich und mit mehr künstlerischer Qualität geworben wurde; daß es auch in bedeutenden Unternehmen zuweilen eine Zufallsentscheidung war, ob die Postkarte in die Werbung miteinbezogen wurde oder nicht; daß manche Unternehmer nur mit Postkarten warben; daß manche Unternehmen sich auf Postkarten anders darstellten als auf Plakaten oder in Anzeigen; oder daß vor allem kleine und mittlere Betriebe auf die Postkarte als Werbemittel zurückgriffen.
Die Auswahl der folgenden Beispiele für Werbeinhalte erfolgte unter dem Aspekt der künstlerischen oder charakteristischen Qualität der Karten. Sie beabsichtigt demnach keinen ‹repräsentativen Querschnitt›. Postkartentypische Momente, die sich aus der Umsetzung der Werbeidee in das Kleinformat ergeben, sollen im Vordergrund stehen. Trotzdem ist es kein Zufall, daß sich für Autos und Zigaretten, überhaupt für Luxus, mehr und interessantere Karten anbieten als für die bescheidenen Konsumartikel des Alltags. Genußmittel sind werbebedürftiger als Lebensmittel und beanspruchen standesgemäße Bild- und Stilmittel. Einige Beispiele sollen aber auch veranschaulichen, daß die Postkarte durch ihr kleines, handliches Format, durch ihre vielschichtige und flexible Verbreitung bei relativ geringem Kostenaufwand und durch die extreme stilistische Anpassungsfähigkeit, die das Plakat und die Werbemarken nicht haben, fast unbegrenzte Einsatzmöglichkeiten bot.

159
Die Fahrradwerke Express hatten die Nase an vorderster Stelle, wenn es um ausgefallene Gags auf Postkarten ging. Sie gaben zum Beispiel eine Klappkarte heraus, auf der ein Mann seinen Zylinderhut vor den Express-Fahrrädern zieht. Mit derb-kräftigem Volkshumor warnt hier eine kongenial erdichtete Marterlgeschichte vor den bösen Folgen der Benutzung von Konkurrenzprodukten.
Farblithographie, 1917

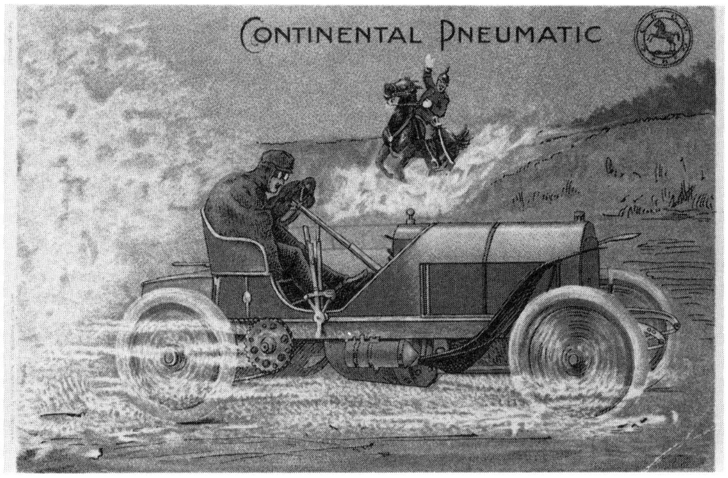

160
Während des Ersten Weltkrieges verlegte die Continental Coutchouc- und Guttapercha-Companie ihre wohl umfangreichste Postkartenserie. Die Illustrationen sind stets auf einen grauen Untergrund gedruckt und persiflieren Kriegs- und Alltagsmalheure, wie sie mit den Produkten der Firma passieren können. Diese Karten waren wahrscheinlich für die Verteilung an Soldaten gedacht, viele tragen einen Feldpoststempel.
Farblithographie, um 1915

161
Heinrich Mittag (geb. 1859 in Hannover) nahm fast ausschließlich Aufträge von Firmen in seiner Heimatstadt an, wie auch eine Postkartenserie für die dort ansässige Continental Companie. Ein Teil dieser Serie ist von Mittag signiert und mit Angaben über die Druckerei versehen.
Farblithographie um 1900, zugeschrieben Heinrich Mittag
Druck: Edler & Krische, Hannover

162
Die ersten Automobilisten scheinen sich mit solchen Werbevorbildern gern identifiziert zu haben. Für ihre riskanten Dorfdurchfahrten hatten sich manche von ihnen sogar mit Peitschen ausgerüstet, um sich zwischen Gänsen, Kindern und Pferdefuhrwerken freie Bahn zu schaffen. Dafür wurden sie nicht selten mit Dreck beworfen.
Farblithographie, um 1908
Druck: Akt. Ges. f. Kunstdruck, Niedersedlitz

163
Der Kardanantrieb war eine durchaus einleuchtende Alternative zum Kettenantrieb, setzte sich jedoch wegen der höheren Reibungswiderstände nicht durch.
Farblithographie, um 1900, signiert F. Schön

166>
Die ersten Autorennen um die Jahrhundertwende waren verständlicherweise sensationelle Ereignisse, die die Gemüter von Befürwortern und Gegnern erregten. Die langen Strecken und extremen Wegverhältnisse stellten höchste Anforderungen an die Fahrzeuge. Für die Zubehörindustrie war es selbstverständlich, die dabei erzielten Rekorde an Schnelligkeit und Motorleistung auf ihr Benzin, ihr Öl oder ihre Reifen zurückzuführen und mit drastischen Rennszenen zu illustrieren.
Farblithographie, um 1900

164
Offensichtlich wie ein ‹geölter Blitz› fuhr man mit Lampo-Benzin. Als Symbol der Stärke und Schnelligkeit wurde der Blitz schon damals gerne eingesetzt.
Farblithographie, gestempelt 1923, signiert Caldanzaro
Druck: D. Gualtieri, Mailand

165
Der Akkumulator in Verbindung mit elektrischer Beleuchtung löste die Karbidlampe ab. Am unteren Bildrand findet sich ein Zudruck der Vertretung.
Farblithographie, um 1914, F. Scandellari

167
Dieser Pionier des Wettrasens hat sich mit den italienischen Landesfarben gedopt. Die vom Künstler visuell erreichte Geschwindigkeit dürfte weit über der damals tatsächlich erreichten liegen.
Farblithographie, um 1920

168
Der Cordreifen minderte die bei höheren Geschwindigkeiten auftretende Erhitzung des Reifens. Auf die dadurch ermöglichte Geschwindigkeitssteigerung spielt auch die Abbildung an. Der Palmer-Reifen ist offensichtlich so schnell, daß der Automobilist Mühe hat, ihm nachzulaufen.
Farblithographie, um 1912, signiert N. Schusler
Verlag: Publicité Wall, Paris

169
Die Autobesitzer schützten sich vor dem Fahrtwind mit Umhängen, Schutzbrillen und Lederkappen. Da die Straßen zu jener Zeit nicht asphaltiert waren, zogen die Autos große Staubwolken hinter sich her.
Farblithographie, um 1910

170
Der einsame Herr braucht sich vor finsteren Gesellen nun nicht mehr zu fürchten. Philips Schnuller-Lampen begleiten ihn und leuchten sicher seinen Heimweg aus.
Farblithographie, um 1910

171
Ein selbst eher lichtscheuer Geselle bekennt, daß er sich bei seinen nächtlichen Streifzügen nur auf die Hydra-Lampe verläßt. Auf sein Expertenurteil kann sich auch der brave Bürger verlassen.
Autotypie, um 1912, signiert Gus Bofa
Druck: Elleaume, Paris

172
Wo Philips Lampe Arga (nach dem Edelgas Argon) strahlt, können Fledermäuse und Finsterlinge ihr Heil nur noch in der Flucht suchen. Der Lichtbringer erinnert allerdings weniger an Prometheus als an einen Theaterstatisten vom Typ ‹edler Römer›.
Lithographie und Rasterdruck kombiniert, um 1910, signiert Hahn

174
Die noch vor der Jahrhundertwende einsetzende wirtschaftliche Nutzung der Elektrizität beeinflußte entscheidend die zweite industrielle Revolution und faszinierte die Menschheit. Die Einführung der Glühlampe löste die riskante Gasbeleuchtung ab, der Akkumulator im Automobil ersetzte die aufwendige Karbidlampe, Elektroherd, Heizsonnen, Staubsauger erleichterten die Hausarbeit.
Farblithographie, 1912, signiert A. Jöhnssen
Druck: E. Nister, Nürnberg

173
Ein in der Werbung gern verwendetes Klischee war der weise Gelehrte, der sich mit erhobenem Zeigefinger lobend über die Vorzüge bestimmter Produkte äußerte.
Rasterdruck, um 1910, signiert BPG (Beyer-Preusser, Glasemann)

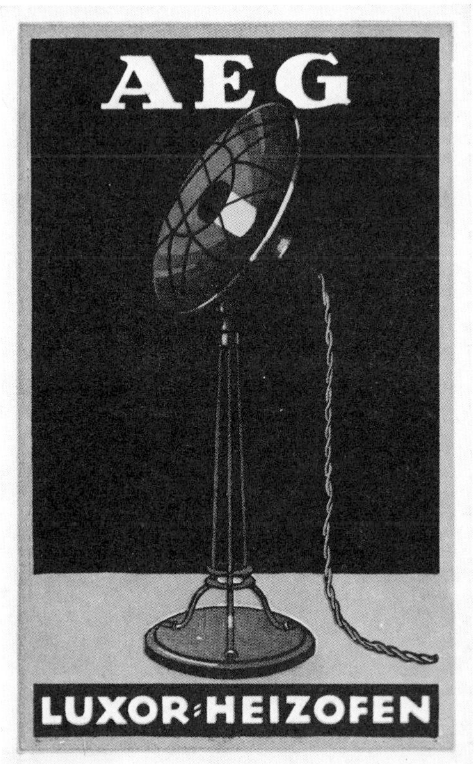

175
Den Luxor-Heizofen gestaltete Peter Behrens, der seit 1907 künstlerischer Beirat der AEG und Industrie-Designer in Berlin war. Er war bereits 1893 Mitbegründer der Münchner Sezession gewesen und wirkte auch an der Künstlerkolonie in Darmstadt mit.
Buchdruck, um 1912

176
‹Le Voci dalla Foresta›, die Stimmen des Waldes, sollte man auf diesem sehr frühen Radioempfänger deutlich vernehmen können. Hinter der Signatur verbirgt sich der Hersteller dieses Wunderapparates, die Firma Siti.
Farblithographie, um 1920

177
Der Mailänder Musikverlag Ricordi verhalf nicht nur dem italienischen Plakatwesen zu seinem Durchbruch, sondern verlegte auch zahlreiche Reklamepostkarten in hervorragender Druckqualität. Auch förderte er begabte Künstler durch Aufträge, wie hier Adolf Hohenstein, der mit diesem Entwurf für die Elektrizitätsausstellung in Como 1899 internationale Anerkennung erzielte. Hohenstein zählt neben Metlicovitz zu den bekanntesten Vertretern der italienischen Belle Epoque.
Farblithographie von 1899, signiert Hohenstein 98
Druck: Ricordi, Mailand

< **178**
Eine unüberschaubare Menge kniet zur Verehrung der aufgehenden ‹Sonne Osram› nieder.
Autotypie, um 1912, signiert Herm. Frenz

179
Bei einem Plakatwettbewerb, den die AEG für Nitralampen ausschrieb, gewann Hans Busch mit diesem Entwurf den ersten Preis. Durch Reduzierung auf ein einziges Symbol und wirkungsvolle Farbkontraste – gelber Blitz, schwarzer Hintergrund und blaue Schrift – entwarf er ein Bild von erstaunlicher Modernität.
Autotypie, gestempelt 1917

180
Die Verbreitung des Radios fällt mit dem Abebben der Postkartenproduktion und -vielfalt zusammen. Das Radio wie auch das Telephon waren die neuen Medien, die die Postkarte in ihrer Funktion als Informationsträger mehr und mehr zurückdrängten.
Autotypie, um 1925, Reproduktion eines Plakates von L. Hohlwein
Druck: Geraschdruck, Leipzig

181
Giovanni Nanni zählt zu den produktivsten italienischen Postkartenentwerfern. Zu seinen bevorzugten Motiven gehören Frauen wie auch patriotische Darstellungen. Nur gelegentlich nahm er Werbeaufträge an, wie hier für De-Montel-Lampen.
Farblithographie, um 1925, signiert Nanni

183

182
Sogar das Fabrikgebäude der Jasmatzi AG war im Stil einer Moschee errichtet. Die hier gezeigte Karte bildet den Pavillon des Unternehmens auf der Internationalen Hygiene-Ausstellung 1911 in Dresden ab. Jasmatzi war damals die größte deutsche Zigarettenfabrik. Sie erwarb 1927 auch die Firma Constantin.
Farblithographie, 1911
Druck: Oswald Enterlein, Kunstanstalt, Niedersedlitz

183
Wenn die Hersteller der zarten Zigarettenpapiere Satin und Dea nicht nur an feingliedrige Dandys mit artistischer Fingerfertigkeit verkaufen wollten, so muß man annehmen, daß dieser Typ des eleganten Lebemannes in den zwanziger Jahren ein gutes Image gehabt haben muß.
Farblithographie, um 1925
Verlag: Edizioni ‹Argo›, Bologna

185–187
Man könnte annehmen, die meisten Reklamepostkarten für Zigaretten seien speziell für die Oberschicht entworfen worden. Die dargestellten Personen sind Dandys, Offiziere, Reiter und ‹Herren und Damen von Welt›. Angesprochen wurde hier jedoch eher die breite Mittelschicht, der man suggerierte, durch den Genuß einer bestimmten Zigarettenmarke auch an der ‹großen› Welt teilhaben zu können.
Farblithographien, aus einer Serie von mindestens fünf Postkarten, um 1914
Druck: Akt. Ges. f. Kunstdruck, Niedersedlitz

< **184**
Die Zigarettenfabrik ‹ABC-Batschari› annoncierte in den gehobenen Zeitschriften und sprach die elegante Dame wie den Herrn von Welt an. Puhonny parodiert den Begriff ‹Hoch und Nieder›, indem er ihn als Wortspiel aufgreift und auf die Körpergröße bezieht.
Lithographie (Probedruck), um 1920, signiert Ivo Puhonny

188
Constantin Cigaretten
Farblithographie, um 1914
Druck: Akt. Ges. f. Kunstdruck, Niedersedlitz

189
Zahlreiche Aufträge verschiedenster Anbieter von Zigarettenmarken gingen an Leonetto Cappiello. Er übernahm aber auch die Bildgestaltung für die Pastillen Cachou Lajaunie, einem, wie die Werbung sagt, ausgezeichneten Digestiv, unentbehrlich für den Raucher. Auf zwei Postkarten stellt er Frauen dar, die in der einen Hand eine Zigarette halten, in der anderen die Büchse mit den Pastillen.
Farblithographie, um 1920
Druck: B. Sirven, Paris

190
Zu den vielversprechenden Talenten der Gebrauchsgraphikerszene zählte Otto Soltau, der jedoch bereits 1915 im Kriegslazarett starb. Sein Können stellt er auch in den vier Postkarten für Bruns Cigaretten unter Beweis, die das Rauchen als wesentliche Beschäftigung der Lebewelt darstellen.
Farblithographie, 1909, signiert O. Soltau
Druck: Akt. Ges. f. Kunstdruck, Niedersedlitz

191
Collection Job
Farblithographie, 1914, signiert Mucha

192
Als technische Wunderwerke und gastronomische Pioniertaten stellten sich die ersten Automaten-Restaurants in den Großstädten vor. Ihre Einrichtung würde heute sicher in Museen gezeigt, doch ist wegen mangelnden Erfolges anscheinend keines erhalten geblieben. Offensichtlich war der Spaß an technischer Finesse doch kurzlebiger als der Appetit auf gepflegtes Essen.
Farblithographie, um 1900
Druck: Walter Marty u. Co., Herisau

193
An die Tradition der Glückwunschkarten knüpfte auch der Besitzer dieses Bierausschanks an: Er versandte eine eigene, hopfenverzierte Postkarte an Geschäftsfreunde und Kunden, um sie zu ermuntern, das Neue Jahr mit einem kräftigen Schluck Ketterer-Bier zu begrüßen.
Farblithographie, um 1900

194>
Die Bar Sherbini in Berlin war offensichtlich eine gute Adresse, vor der die eleganten Monokelträger Schlange standen, um schöne, pelzbehängte Frauen kennenzulernen.
Buchdruck, um 1928

195>
Anläßlich ihres 40jährigen Jubiläums lud die Königliche Vereinigung ‹Het Nederlandsch Tooneel› zum Besuch des Schauspiels ‹Cäsar und Cleopatra› in die Stadsschouwburg in Amsterdam ein. Die Postkarte wurde als Einladungskarte an die Mitglieder der Vereinigung versandt.
Farblithographie, gestempelt 1916, signiert B. Essers
Druck: Senefelder, Amsterdam

196>
Als Spezialist des französischen Revueplakats der zwanziger Jahre gilt Charles Gesmar (1900–1928). Bereits im Alter von 15 Jahren erhielt er Aufträge für Kriegsplakate. Danach konzentrierte er sich auf Entwürfe für die großen Pariser Revuetheater, für die er auch Kostüme und Programme gestaltete.
Kolorierter Buchdruck (Probedruck), um 1922, signiert C. Gesmar

194

195

196

197
Henri Jossot (1866–1951) zählt zu den bedeutendsten Karikaturisten und Illustratoren der Jahrhundertwende. Er arbeitete für zahlreiche Pariser Zeitschriften, entwarf aber auch Einladungs- und Spielkarten sowie Buchschmuck. 1926 trat er zum islamischen Glauben über und lebte fortan in Tunis, wo er überwiegend Tuschezeichnungen mit orientalischen Motiven machte.
Farblithographie, um 1900, signiert Jossot

198
Während sich Pharmaindustrie und Versicherungsunternehmen heute bemühen, in der Werbung möglichst geschmacksicher und dezent an die Ängste des Menschen zu appellieren, ging man noch vor wenigen Jahrzehnten recht unbefangen und naiv damit um. Die Firma Brioschi scheute sich nicht, drastisch die Bedrohung auszumalen, die bei Nicht-Verwendung ihres Mittels zu erwarten war.
Farblithographie, um 1910
Druck: Grafiche Suco Parini Vanoni u. C., Milano

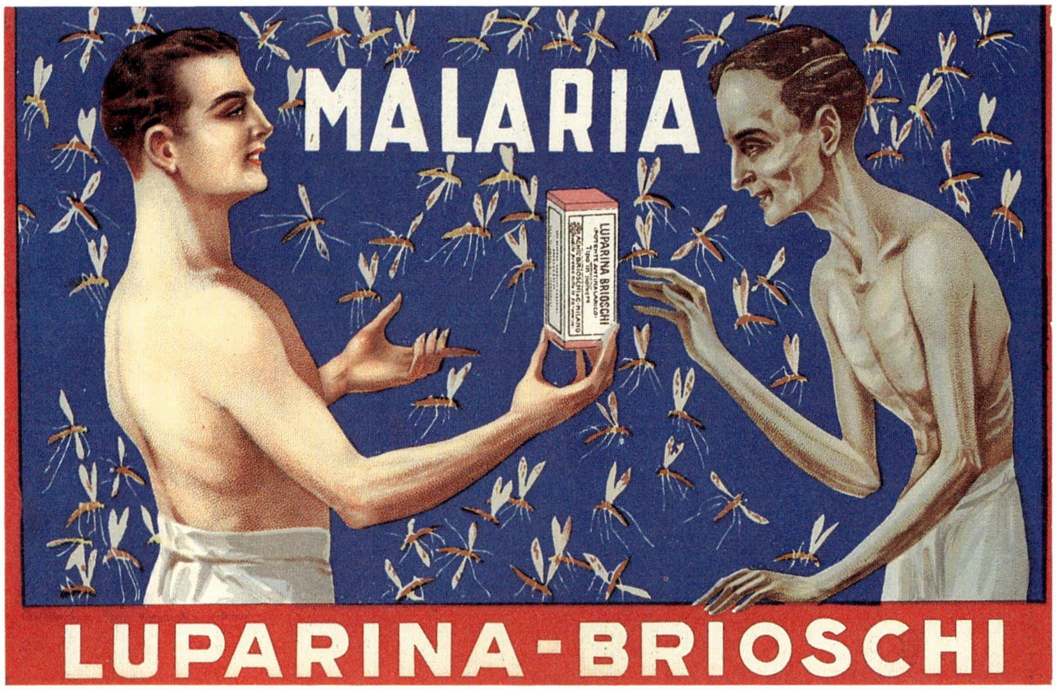

199
Die Konturen zweier ausgestreckter Hände, die sich im Nebel verkrampfen, der zu Boden fallende Stock und die schemenhafte Silhouette eines soignierten Herrn in gesetztem Alter veranschaulichen eindringlich die Todesangst bei Angina Pectoris. Mit der Beschränkung auf einfache geometrische Flächen in abgestuften Grautönen, aus denen nur in der Herzgegend ein Rot aufleuchtet, erreichte der Künstler eine bildnishafte Ausdruckssteigerung. Mit der Treffsicherheit einer Momentaufnahme ist das abrupte, schreckhafte Innehalten mitten in der hastigen Bewegung erfaßt.
Rasterdruck, gestempelt 1936, signiert HACCI

200
Mit Skeletten wirbt man heute nur noch für Gruselfilme – dabei macht sich so ein rüstiges Gerippe als Blickfang immer gut. Das Mittel Bifoscal, das sowohl Knochen, Gehirn und Nerven als auch das Blut in Schwung hielt, versprach mit diesem Kraftakt offensichtlich auch den Toten noch eine letzte Hoffnung auf sportliche Glanzleistungen.
Farblithographie, um 1910
Druck: Doyen, Turin

199

200

201
Diese Art Déco-Grazie, die dem Schmerzmittel Artamin beschwörerisch ihre Ehrerbietung erweist, leidet wahrscheinlich noch nicht an Rheuma. Das Produkt der Firma Neumann soll ihr wohl noch lange ihre tänzerische Biegsamkeit erhalten. Die Karte war für die Verteilung durch eine Vertriebsagentur in Mexico gedruckt worden.
Farblithographie, um 1925
Druck: Jean Hopp, Charlottenburg

202

203

202
Die ersten Flieger beflügelten nicht nur die Phantasie der Menschen und erregten ihre Gemüter, sie lockten die Neugierigen auch in Scharen zu den Schauflügen. Von soviel Erfolg, an dem sich auch der Nationalstolz entzündete, wollte man auch profitieren, und da die teure Flugwerbung noch nicht erfunden war, erfüllte sich ein Werbezeichner den Wunschtraum auf einer Postkarte: Seine Astoria-Zahnbürste erscheint als Rumpler-Taube vor dem Brandenburger Tor, umjubelt von einer unübersehbaren Menschenmenge.
Farblithographie, um 1912

203
Vielleicht war der Künstler ein sparsamer Rationalist, der eine Gesichtshälfte für ausreichend hielt, weil die andere ohnehin ähnlich aussieht; oder er war ein hypnotisch geschulter Psychologe mit dem feinen Geschmack für Art Déco-Figurinen, der wußte, daß ein Auge noch viel faszinierender wirken kann als zwei.
Rasterdruck, gestempelt 1937

204
Walt Disneys Mickey Mouse wirbt in eigener Sache und demonstriert frech, was sie von Charlie Chaplin und Douglas Fairbanks hält. 1928 trat sie erstmals als ‹Steamboat Willie› im Kino auf. Sie war die erste Comic-Figur, die 1930 den Weg von der Leinwand auf das Papier fand.
Rasterdruck, um 1932
Druck: AR I.B.

205

205
Golem, eine ungefüge Gestalt mit übermenschlichen Kräften, wurde, so heißt es, vom Rabbi Loew, Meister der schwarzen Kunst, aus Ton geschaffen. Seine Geschichte spielt in den verwinkelten, unheimlichen Gassen des mittelalterlichen Ghettos von Prag, dessen bizarre Atmosphäre in einer expressionistischen Kulissenwelt wiedererweckt wird.
Rasterdruck, um 1920, signiert Jupp Wiertz

< **206**
Die um 1910 florierende Orient-Welle gab auch dieser Gastspiel-Tournee ihren Titel. Der Darstellung nach zu schließen, beschränkte man sich nicht nur darauf, die heitere, pikante Seite des Harems voyeuristisch der Schaulust vorzuführen. Die Tournee Arthur Rethbach gastierte unter diesem Titel um 1910 in den deutschen Großstädten. Hans Baluschek war 1898 im Vorstand der Berliner Sezession; er arbeitete als Graphiker und Buchillustrator, engagierte sich aber auch mit politischen und sozialkritischen Werken für die Sozialdemokratie.
Farblithographie, 1910, signiert H. Baluschek

207
Der rätselhafte Mitwisser hinter dem Vorhang scheint hier den Betrachter hypnotisch dazu bewegen zu wollen, sich das Geheimnis der Rosette Lambert, ein Filmdrama in sechs Teilen von Tristan Bernard, nicht entgehen zu lassen. Außer diesem Drama bot die Gesamtvorstellung des ‹splendid cinéma› in Vervier noch eine Komödie in zwei Teilen und einen komischen Einakter.
Lithographie, koloriert, um 1925, signiert Rob. Mallet Stevens

208
Auf dieser Karte, die vom Filmverleih an die Kinos geschickt wurde, werden auf der Rückseite Kritiken der Presse zitiert. So schrieb unter anderem das Berliner Tageblatt: ‹Ingrid Bergmann: Eine schwedische Wessely›.
Rasterdruck, gestempelt 1937, signiert AOB

210
Die Szenerien auf den Karten der Hamburg-Amerika-Linie erinnern ein wenig an die romantisch-naiven Illustrationen mancher Kinderbücher. Diese Postkarten wurden für Vergnügungskreuzfahrten gedruckt.
Farblithographie, um 1910, signiert T. H. (Theodor Herrmann)
Druck: H. G. Rahtgens, Graphische Kunstanstalt, Lübeck

209
Für die Schiffahrtsgesellschaft Lariana, die auf dem Gardasee, dem Comer See und dem Lago Maggiore fuhr, druckte Gabriele Chiattone Postkartenserien von bemerkenswerter Schönheit, die er wahrscheinlich selbst entwarf. Sie spiegeln die Blütezeit des Italienischen Jugendstils wieder.
Farblithographie, um 1900
Druck: G. Chiattone, Bergamo

211
Der Olivenölhersteller P. Sasso & Söhne war offensichtlich seiner Heimat eng verbunden und geneigt, auch für den Tourismus etwas zu tun. Auf einer Postkartenserie ließ er die oberitalienischen Seen illustrieren, jedoch nicht ohne auf sein eigenes Erzeugnis aufmerksam zu machen, das diskret arrangiert, aber nicht zu übersehen, als Vignette die linke untere Bildecke ziert.
Farblithographie mit Golddruck, um 1900
Druck: G. Chiattone, Mailand

212
O. Anton, der in Hamburg zwischen 1910 und 1930 Plakate, Postkarten und Emailleschilder meist für Schiffahrtsgesellschaften entwarf, zählt bislang noch zu den unbekannteren Graphikern. Mit seiner flächenhaften Farbgebung und der Anwendung von Umrißlinien erinnert dieser Entwurf an den japanischen Farbholzschnitt, von dem sich auch der Jugendstil nachhaltig beeinflussen ließ. Um 1912 entwarf Anton diese Postkartenserie für Hugo Stinnes ‹Nordlandreisen›.
Farblithographie, um 1912, signiert, O. Anton, Hamburg
Druck: Hartung & Co, Hamburg

213
Alexander Hoenig hatte sich auf Entwürfe für Zirkus- und Festveranstaltungen spezialisiert. Er arbeitete anfangs als Schnellmaler (unter dem Pseudonym Redua Xela) und als Humorist und wurde schließlich Besitzer einer Buch- und Steindruckerei. 1896 wurde er Präsident der von ihm gegründeten Internationalen Artistengenossenschaft.
Farblithographie, gestempelt 1909, signiert A. Hoenig

Die politische Werbepostkarte

Die politische Karte wirbt nicht für ein Produkt, sondern um Anhänger für Interessen, Meinungen, Ansichten, Überzeugungen, Programme, Weltanschauungen und Ideen, die politisch, sozial, religiös, weltlich, ideologisch, moralisch, geistig, geistlich, materialistisch oder auch nur materiell begründet sein können. Über die Gewinnung von Anhängern hinaus wird Einfluß auf die Meinungsbildung im privaten, gesellschaftlichen und staatlichen Leben angestrebt. Als Auftraggeber oder Herausgeber treten engagierte Organisationen, Institutionen, Verbände, Vereine, aber auch Einzelpersonen auf. Das inhaltliche Spektrum erstreckt sich von der Wahlpropaganda der großen Parteien über Spezialinteressen von Berufs- und Sympathieverbänden bis zur Eigenwerbung von Sektierern und Naturaposteln.
Die private Kartenindustrie hält sich mit wenigen Ausnahmen in demokratischen Staaten auf diesem Gebiete weitgehend zurück, um Interessenkonflikte zu vermeiden. Doch existiert auch seit dem Aufleben der Bildpostkarte bis heute eine engagierte Sympathie- und Mitläuferproduktion in Eigenregie, und zwar immer dann, wenn starke politische Strömungen oder Stimmungen, allgemeine Begeisterungszustände, autoritäre oder totalitäre Systeme ein begeistertes oder opportunistisches Mitmachen interessant oder gar notwendig machen. Einen wesentlichen und oft sehr interessanten Beitrag zur zeitgeschichtlichen Dokumentation auf Postkarten liefert die private Kartenindustrie aber auch in Form von Fotokarten und satirischen Karten, die ohne direkte Parteinahme aktuelle Ereignisse, Vorfälle, Skandale etc. dokumentieren und illustrieren.

Intensität und Tendenz der privaten Beiträge zu den Gesinnungs- und Bekenntniskarten schwanken von Land zu Land stark in Abhängigkeit von den jeweiligen politischen Traditionen. Während im wilhelminischen Deutschland der Kult um Kaiser, Macht und Militär eine Kartenblüte entfachte, zeigt sich in Italien der Glanz von Königtum und Militär in einer üppigen Palette von Regimentskarten, im kühlen, aber monarchiebewußten England hielt man sich nobel zurück und im republikanischen Frankreich sind die Präsidentenporträts selten. Dafür entfaltete der gallische Witz

214
Würdig und friedlich erscheint die Göttin der Arbeit zum Fest des 1. Mai, der seit 1890 als internationaler Festtag der Arbeit und Demonstrationstag für sozialen Fortschritt begangen wurde. Gefordert wurden der 8-Stunden-Tag, das allgemeine, gleiche Wahlrecht und gerechte Löhne. Ein Generalstreik zu diesem Tage wurde jedoch abgelehnt. Das Lebenswerk des Jugendstilkünstlers E. M. Lilien galt in erster Linie der utopisch-friedlichen Verklärung des Zionismus, für die er ikonographische Elemente östlicher und westlicher Kulturen verknüpfte.
Lithographie, gestempelt 1910, signiert E M Lilien, München
Verlag: Buchhandlung Vorwärts, Berlin
Druck: F. Bruckmann A.-G., München

215>
Neben der allgemeinen, kommerziell produzierten Stimmungs- und Durchhaltepropaganda und neben der kriegerisch aufgerüsteten privaten Produktwerbung war es in erster Linie die Werbung für Kriegsanleihen und vorsichtigerweise auch für Kriegsanleihe-Versicherungen von amtlichen Stellen und Banken, die in direkter Form für konkrete, finanzielle Kriegsbeteiligungen Stimmung machten.
Lithographie um 1917, Angaben unleserlich

216>
Seit urchristlichen Zeiten bringen die vier apokalyptischen Reiter Krieg, Hunger und Tod mit sich (Offenbarung Johannes 6,1–8). Die Darstellung des Todes als Reiter sollte vor allem seine Schnelligkeit symbolisieren. Die aus dem Boden wachsende Hand stellt sich als Symbol des Volkes dem militärisch gerüsteten Tod entgegen.
Rasterdruck mit Lithographie kombiniert, gestempelt 1916, signiert Willy Pogany
Druck: Edwards & Deutsch Litho. Co, Chicago

218>
Die allegorischen Heroen und antikischen Kraftprotze, die in der Produktwerbung vor dem Ersten Weltkrieg Leistung und Marktrang verkörperten, wurden von der Kriegspropaganda durch Riesengestalten herrischer Ritter und Nationalhelden, Symbole von Macht und Herrlichkeit, und durch feindliche Monster, die Tod und Greuel mit sich brachten, ersetzt. An die Stelle des guten Heroen trat während der Weimarer Republik der unbekannte ‹Frontsoldat›, der die militärischen Ideale der alten Ordnung wieder aufleben ließ.
Lithographie 1925, signiert Lamprecht
Druck: G. Knoblauch, Lith. Anstalt, Stuttgart

219>
Eine optisch einprägsame und einleuchtende Lösung ist dem Künstler für die Zentrums-Partei gelungen, die als Zentralachse eines gesellschaftlichen Räderwerkes dargestellt wird. Die statische Komposition läßt allerdings offen, woher die treibende Kraft kommt und wer wen bewegt. Die Verbindung der großen Zentrums-Achse mit dem großen Rad der Arbeiter entsprach wohl der Taktik, nicht aber dem Programm dieser Partei, die in erster Linie klerikale und großbürgerliche Interessen vertrat. Das bildgleiche Plakat ist von Hanns Herkendell, Düsseldorf, signiert.
Lithographie, um 1925
Druck: L. Schwann, Düsseldorf

215

216

217

Die direkte Hinwendung zum Betrachter ist das bestimmende Element dieser Karte. Der durch die Farbe Rot, der einzigen in der Zeichnung, politisch ausgewiesene Arbeiter schreitet mit erhobenen Händen, flankiert von den ihn abführenden Soldaten, nach vorne und konfrontiert den Betrachter unmittelbar mit seiner Situation. Um die Szene herum sind in der Art alter Andachtsbilder weitere Stationen des Mannes aufgeführt: Arbeitsamt, Gerichtssaal, Gefängnis, Erschießung. Die stilistisch von Expressionismus und Kubismus beeinflußte Karte zeugt von der politischen Radikalisierung der zwanziger Jahre, als Militär und Justiz zunehmend einseitig gegen linksradikale Aktivitäten vorgingen. Die ‹Rote Hilfe› wurde nach den Märzkämpfen 1921 geschaffen, um angeklagte oder verurteilte kommunistische Arbeiter juristisch und ihre Familien materiell zu unterstützen.
Buchdruck, um 1922
Verlag: Zentralkomitee ‹Die Rote Hilfe›, Berlin

218

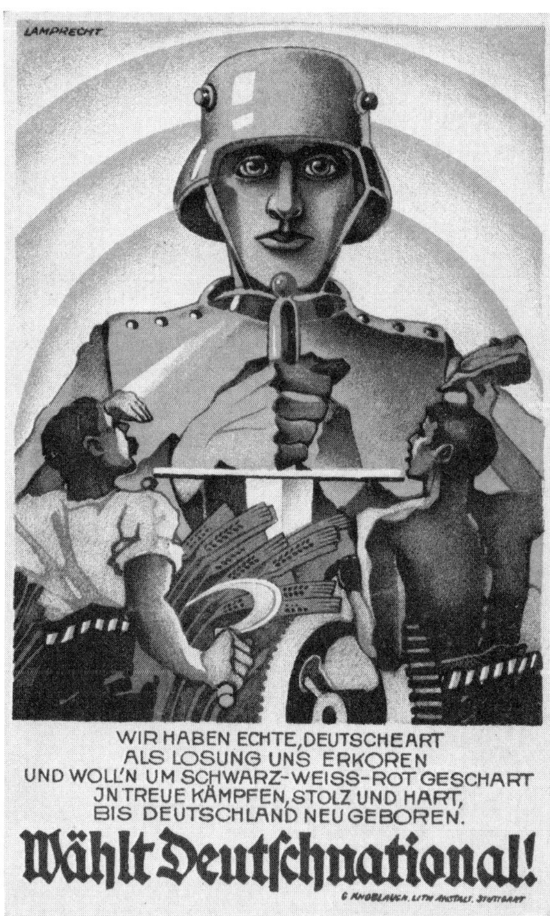

219

221
Das Frauenwahlrecht wurde in erster Linie von der Sozialdemokratie, aber auch von bürgerlich-liberaler Seite gefordert. Das Motiv dieser Karte erschien anläßlich der ‹Roten Woche› vom 8. bis 15. März 1914 auch als Plakat (signiert von Karl Maria Stadler, München). In Berlin verbot die Polizei das Plakat, da die Schlagzeile angeblich die Obrigkeit beleidigte.
Lithographie, 1914
Druck und Verlag: Reinh. Schumann, München

220
Die aufgehende Sonne verhieß immer schon bessere Zeiten und vor allem Befreiung aus der Knechtschaft finsterer Herrschaftssysteme. Die rote Fahne als internationales Symbol der Arbeiterbewegung war aus einem Arbeiteraufstand 1854 in Lyon hervorgegangen. Die Forderung «Proletarier aller Länder vereinigt Euch!» entstammt dem ‹Manifest der Kommunistischen Partei› von Karl Marx aus dem Jahre 1848. Der Menschenstrom, der sich von der Industriekulisse weg ins Grüne bewegt, erinnert auch an die Tradition des Frühlingsfestes am 1. Mai.
Kombination von Lithographie und Rasterdruck, gestempelt 1914, signiert H. Kirstein
Druck und Verlag: Rauh und Pohle, Leipzig

222
Das durch die Flucht des Kaisers und revolutionäre Wirren entstandene Macht-Vakuum nutzten ehemalige Offiziere zur Gründung von Freikorps, die im Innern gegen die ‹bolschewistische Gefahr› und nach außen zum Schutz bedrohter Grenzgebiete eingesetzt wurden. Insgesamt hatte die sozialdemokratische Regierung 68 Freikorps mit fast 200 000 Mann anerkannt. Das Freikorps Hülsen war im Jahre 1919 an der Niederschlagung des Spartakus-Aufstandes in Berlin und 1921 an den Kämpfen im oberschlesischen Abstimmungsgebiet beteiligt.
Lithographie, 1919, signiert Gipkens
Druck: Hollerbaum und Schmidt, Berlin

223
Die Warnung vor 'bolschewistischen Mordbrennern' mit asiatischen Gesichtszügen ist ein häufig wiederkehrendes Motiv der Zwischenkriegszeit. Mit diesem Entwurf, der auch als Plakat erschien, erinnerte die katholische Bayerische Volkspartei an die Unruhen in Berlin 1918/19 und assoziierte die in München noch amtierende Räteregierung Kurt Eisners mit bolschewistischer Terrorherrschaft. Schon die bürgerliche Revolution im 19. Jahrhundert war mit dem Bild brandstiftender Fremdlinge bekämpft worden.
Lithographie, 1919

224
Die Folgen der privaten Rüstungsindustrie bringt diese Fotomontage bildlich und verbal auf einen einfachen Nenner: «Gewinne für die einen, für die anderen der Tod».
Rasterdruck, gestempelt 1935

225
Die nationalistische Aufforderung zum Kauf einheimischer Produkte taucht in allen europäischen Staaten als Folge der Weltwirtschaftskrise und der Massenarbeitslosigkeit in den zwanziger Jahren auf. Im Sinne der nationalsozialistischen Wirtschaftspolitik sollte der Boykott ausländischer Waren vor allem die angestrebte Autarkie ermöglichen.
Lithographie zur Deutschen Automobil-Ausstellung 1925, signiert J. Rieckhoff
Druck: Deutscher Industrie Verlag, Berlin

226
Parteiwerbung und Feindpropaganda verband diese Karte von A. M. Cay aus dem Ersten Weltkrieg. Der rückseitige Text lautet: «Stärkt den deutschen Siegeswillen. Tretet der Deutschen Vaterlands-Partei bei!» Der Werbekünstler Alexander M. Cay galt als Spezialist für Auslandspropaganda und stand mit der Auslandsabteilung der Obersten Heeresleitung in Verbindung. Nach dem Kriegsende entwarf er mehrere Plakate für die Ruhe- und Ordnungsappelle des ‹Werbedienstes der deutschen Republik›.
Farb-Rasterdruck, signiert A. M. Cay 17
Druck: Dr. S. u. Co., B.

eine Art satirische Tagespresse auf Postkarten, von der kein innenpolitisches und kaum ein außenpolitisches Ereignis verschont blieb. Auf den Karten Österreichs spiegeln sich die Kaisertreue ebenso wie die ungelösten Nationalitätenprobleme des Vielvölkerstaates.

In den Stilgemeinsamkeiten aller europäischen Länder lassen sich mühelos Historimus und Jugendstil als die letzten bürgerlich geprägten Universalstile erkennen.
Natürlich existieren hier auch nationale Unterschiede. So waren die Karten der oppositionellen Arbeiterbewegung in Deutschland von einem allegorischen Pathos erfüllt, das eigentlich dem bürgerlichen Selbstverständnis und Geschmack entsprach; in Frankreich fehlt dieses Genre ganz, dafür legen hier Fotokarten von Streiks Zeugnis von den spontanen und aggressiv geführten Auseinandersetzungen ab.
Das umfangreiche und vielschichtige Kartenmaterial zur Zeitgeschichte kann hier nur mit einigen Beispielen angedeutet werden. Eine annähernd systematische Darstellung der politischen Werbekarte würde leicht ein eigenes Buch füllen. In der Absicht, zu überzeugen, zu beeinflussen, völlig identisch mit der Produktwerbung, geht Problematik und didaktische Methode der politischen Propaganda doch weit über die ‹Wahlhilfe› für einen Konsumartikel hinaus. Vor allem die Verknüpfung und Verbrämung politischer Probleme und wirtschaftlicher Interessen mit sogenannten ‹höheren Werten› suggeriert die beständige Notwendigkeit prinzipieller Überzeugungsentscheidungen.
Da die Propagierung moralischer und ideologischer Inhalte mit zum Teil vagen und irrationalen Begriffen arbeiten muß, die wenig konkrete Identifikationspunkte bieten, ist sie weit mehr an verbale Argumentation gebunden. Politische Argumente sind aber schwer zu visualisieren, zusätzlich besteht ein Zwang zur taktischen Unschärfe, um für möglichst viele wählbar zu bleiben. Zum Ausgleich wird daher oft mit missionarischer Aggressivität und nach dem Motto, daß der Zweck die Mittel heilige, die Erzeugung von Stimmungen und Emotionen angestrebt. Je schwerwiegender die anstehenden Probleme und je ‹entscheidender› ihre Lösungen sind, beispielsweise im Kriegszustand oder in Wahlschlachten, desto mehr wird auch zum Mittel der Diffamierung des Gegners und der Erweckung von Angst gegriffen. Die Gewinnung von Anhängern wird somit weniger durch Selbstverherrlichung als durch den Aufbau gemeinsamer Feinde erreicht.

Die Trickkiste: Bildersprache der Verführung

227
Die amerikanische Firma Singer Co. fertigte im Jahr 1906 rund eine Millionen Nähmaschinen und stellte damit etwa ein Drittel der Weltproduktion. Auf manchen kleinen Konkurrenten mag dieses Firmenzeichen ebenso erschreckend gewirkt haben wie auf diesen Sterngucker.
Farblithographie, um 1900, signiert G. B. Conti
Druck: L. Salomone, Rom

Technik, Stil und Inhalte der Bildgestaltung sowie der taktische Einsatz von Argumenten und psychologischen Techniken sind natürlich bei allen Werbemedien weitgehend identisch. Sie sind einerseits vorgegeben durch die Möglichkeiten der Medien Bild und Sprache und andererseits durch die psychologische Beeinflußbarkeit des Menschen. In der Werbung führen Kunst und Psychologie eine intensive Zweckehe. Wie weit und ungehemmt sich die Werbung die tiefenpsychologischen Erkenntnisse über den Menschen zunutze macht, ist hinlänglich bekannt. Hier soll allein zu Wort kommen, was die Postkarte selbst dokumentarisch verrät über das ikonographische und psychodidaktische Arsenal mit seinen Stereotypen und Klischees. Sie selbst illustriert die gestalterischen Kunstgriffe und das Talent der frühen Werbekünstler, mit ihnen instinktiv und zweckoptimal umzugehen, schon lange bevor sie aus der Tiefenpsychologie die Manipulation des Menschen methodisch erlernen konnten. Als Pioniere des Konsumglücks haben sie kräftige Akzente, kernige Verheißungen und Brachialargumente nicht gescheut und damit Verblüffung, Irritation und Faszination provoziert.
Die Werbung der ‹guten alten Zeit› hatte es insofern leichter, als durch die technische Entwicklung eine Flut neuer Entdeckungen und Produkte auf den Markt sprudelte, die tatsächliche Erleichterungen aller Art ins Leben brachten. Der Zwang zur Werbung entstand hauptsächlich aus dem in der Expansionsphase noch uneingeschränkt funktionierenden Konkurrenzkampf und der in manchen Branchen schon vorhandenen Überproduktion von Waren, die verkauft werden mußten, um das wohlstandssichernde Karussell von Produktion und Konsumation in Gang zu halten. Dazu mußten neue Bedürfnisse geweckt und stimuliert werden: «Es kann nicht allein die Aufgabe des reklametreibenden Fabrikanten sein, festzustellen, wofür ein Bedürfnis vorhanden ist, sondern auch zu ermitteln, wofür ein Bedürfnis anerzogen werden könnte, denn gerade der erzieherische Effekt der Reklame ist mit ein außerordentlicher.» (Ruben 1913)

Himmel und Hölle, Götter und Heroen

Blicken wir zum Himmel, so stellen wir fest – und mancher mag das bedauerlich finden –, daß die Strategen der Industrie schon zur Jahrhundertwende fast alle dort ansässigen Instanzen für ihre Werbekampagnen unter Vertrag genommen haben.
Allen voran leistete die damals expandierende Beleuchtungsindustrie hier Pionierarbeit. Mit der Verheißung, auch den Himmel zu erleuchten, bediente sie sich gezielt des Organisationstalentes und des Einflusses von Petrus, dem Himmelspförtner. Als himmlischer Empfangschef war er offensichtlich die autorisierte Instanz, die über den Einzug irdischer Errungenschaften zu entscheiden hatte. Und so sehen wir Petrus – der auch gerne die Wolken auf einem Fahrrad der ‹Peters Union› überquert – wie er den auf- und niederschwebenden Engeln die Anweisung erteilt, Sterne durch Glühlampen zu ersetzen. Als Himmelspförtner finden wir ihn auch bei der Verhandlung mit dem Sunlight-Vertreter, der, bei den Schmutzteufeln abgeblitzt, nun auf himmlische Reinlichkeit setzt.
Auch der Mond zeigt sich den technischen Innovationen, besonders den Glühlampen, zugeneigt. So sieht man ihn, mit Zipfelmütze und Pyjama bekleidet, zufrieden und ganz ohne Neid, die um vieles stärkere Leuchtkraft des neuen Stern ‹Torol› bewundern. Die ‹Just-Wolframlampe› hängt er sich sogar an die Zipfelmütze, um in seiner abnehmenden Phase die geschwundene Leuchtkraft auszugleichen. Selbst Kometen, an ihrer Spitze der nur alle 76 Jahre den Erdenhimmel streifende Halleysche Komet, stellen ihre funkensprühende Erscheinung in den Dienst der Werbung. Mal leuchten sie als Firmenemblem der Nähmaschinenfabrik Singer am Firmament auf, mal erscheinen sie für die Firma von Bergmann & Co. in Form eines Seifenpakets.
In seinen verschiedensten Gestalten, freundlich oder sogar verführerisch, aber auch bedrohlich und voller Boshaftigkeit präsentiert sich Luzifer aus dem Hause Hölle. Als Dressman posiert er gerne für allerlei Konsumgüter des täglichen Gebrauchs oder demonstriert die Funktionstauglichkeit von Fahrrädern oder anderen technischen Innovationen. Seine überzeugendste Rolle findet er jedoch als Materialprüfer, wo er als Verwüster vom Dienst Waren auf ihre Zerstörbarkeit prüft. Na-

228
Mit einer schaurig-schönen Ansicht aus der Unterwelt ließ die Innsbrucker Liedertafel 1913 für sich werben. Wie in einem Monitor kontrolliert der vielköpfige Kerberus, der Wachhund des Hades, in der gläsernen Zauberkugel den gespenstisch angestrahlten Eingang seiner Toteninsel. Er wie auch die Schlangen und die zwei Fledermäuse, die die Kugel elegant umrahmen, wirken in diesem ikonographischen Abschiedsgesang auf Böcklins Idyllen wie die Vorboten des modernen, phantastischen Gruselns.
Farblithographie, um 1913,
signiert Franz John
Druck: Max Schammler,
Innsbruck

229
Feurigen Temperamenten mit einer Vorliebe für ausschweifende Lebensgenüsse war dieser Ort sicher eine Reise wert. Es bleibt offen, ob es sich hierbei um eine Parodie auf die ‹Gruß aus›-Karten handelt, wobei der Markenname ‹Heidsiek› nur zu ihrer Aufwertung benutzt wurde, oder ob die Sektkellerei Heidsiek selbst diese raffinierte Postkarte in Auftrag gegeben hat.
Farblithographie, um 1900
Verlag: A. Salla, Berlin SW

230
Teufeln und Monstern übertrug man mit Vorliebe die Rolle von Materialprüfern. Hier ist es ein Schamott-Stein der Marke Durit, der den Teufel ‹auf Granit beißen› läßt.
Buchdruck, um 1925

türlich finden wir auch in der Hölle eine festgefügte hierarchische Ordnung. Niedere Unterteufel werden in ihren Lehr- und Wanderjahren erst einmal zur Ausbildung in die Pharmawerbung gesteckt. Als Schmerzteufelchen, bösartige und lästige Quälgeister haben sie nur die eine Aufgabe: Den Menschen zu piesacken, mit Spießen zu stechen und ihm allerlei Ungemach zu bereiten, um ihn letztlich davon zu überzeugen, daß alleine ein bestimmtes pharmazeutisches Produkt hilft. Aber auch im Außendienst als Objektteufel, wo er defekte Geräte verkörpert, findet so mancher Beelzebub seine berufliche Erfüllung. Bewährte und ausgediente Bösewichte werden natürlich auch in der Hölle reichhaltig belohnt, wie uns die Abbildung 229 zeigt. Sie dürfen sich den ausschweifendsten, ganz irdischen Genüssen hingeben, so etwa mit Luzifera ein Schäferstündchen halten und Sekt der Marke Heidsiek Monopol schlürfen.

Mit der Götter- und Heroenwelt der Antike, aber auch mit arkadischen Landschaften und klassischer Architektur sollten vor allem die Bildungsbürger angesprochen werden, deren romantische Idealvorstellungen von der Antike einen Sympathievorschuß für ein Produkt mit solcher Werbung versprachen. Ein Hauch von Antike, von humanistischer Bildung und klassischer Schönheit wies nicht nur auf das kulturelle Niveau, das ein Markenname für sich in Anspruch nahm, sondern stellte nach Art der mittelalterlichen Könige, die ihren Stammbaum auf Salomon zurückführen ließen, eine Assoziation zu mythischem Uradel und zu jahrtausendalter Bewährtheit her, die dem aufstrebenden Bürgertum noch fehlte.

Die Werbung hat wie kein anderes Medium zur Nutzbarmachung der Kunst beigetragen, indem sie Symbole und Figuren der antiken und, soweit das unbehelligt möglich war, auch der christlichen Bildtraditionen als säkularisiertes Bildungsgut aufgriff und bis zur Warensymbolik profanisierte. Die Leitbild- und Symbolfunktion mythischer und religiöser Helden- und Vorbildsgestalten wurde umgemünzt auf die Identifikation mit Firmen- und Markennamen, die sich damit in der Konsumwelt einen Vorbildcharakter aufbauten.

Die Wiedererkennung der antiken Gestalten und ihre mythologische Einordnung schmeichelten dem Kulturbewußtsein des Bürgers und lockten den bürgerlichen Ehr-

231
Die anschauliche Theorie von Georg Räder, die Sterne entstünden aus dem Pfeifenrauch des Mondes, findet in unserer naturwissenschaftlich geprägten Welt keine Anhänger mehr. Fest stand damals auch: Der hellste Stern unter allen Sternen ist der Glühkörper Torol.
Farblithographie, um 1910
signiert G. R. (Georg Räder)

232
Als der in Livorno geborene Leonetto Cappiello 1898 nach Paris kam, war das Straßenbild beherrscht von den Altmeistern des Plakats – von Toulouse-Lautrec, Cheret und Steinlen. Cappiello bemühte sich mit Erfolg, einen eigenen Stil und eigene Ideen zu verwirklichen. Er blieb über Jahrzehnte ein gefragter Künstler. Früh erkannte er, daß ein Plakat auch aus einem fahrenden Auto heraus erkennbar sein müsse. Seine in den zwanziger Jahren entstandenen skurrilen Figuren – wie dieser rote Gummiteufel für Pneu Russian American – lassen erkennen, daß er sein erstes Geld als Karikaturist verdiente.
Farblithographie, um 1922,
signiert L. Cappiello
Druck: Vercasson, Paris

233
Wenn der Film hielt, was er versprach, konnte er auf dem Jahrmarkt auch mit der Geisterbahn konkurrieren. Die ersten Filme wurden um 1900 auf Jahrmärkten gezeigt, und noch lange gehörte der Kinematograph zu den Attraktionen aller Volksfeste. Entsprechend sensationell mußte Filmwerbung von Anfang an auftreten. Die nationale Typisierung der Personen läßt erkennen, daß es sich um ein patriotisches Werk handelt. Die bösen Feinde werden selbst vom Teufel ausgespuckt.
Rasterdruck, geschrieben 1916
Druck: P. Celanza u. Co., Turin

234/235
Beyer-Preusser und Glasemann unterhielten ab 1903/04 in Niedernhausen (Taunus) ein gemeinsames Studio für kunstgewerbliche und gebrauchsgraphische Entwürfe. Eine ihrer Postkarten für Just-Wolframlampen wurde sogar von der Firma Constantin plagiiert. Hier ersetzen die Engel die Pfeife von Petrus durch Constantin Cigaretten.
Oben: Rasterdruck, um 1910, signiert BPG
Unten: Schwarz-weiss-Lithographie, gestempelt 1921

236
Nicht ganz eindeutig ist – zumindest für uns heute – die Aussage, die der Erfinder dieses Bildes im Sinne hatte. Ein junger Titan, der sich mit den Blitzen in der Hand als Zeus selbst ausgibt, schickt mit geballter Faust einen Adler-Motorwagen auf den Weg und stößt dabei aus seinem Munde eine gewaltige Qualmwolke aus. Oder versucht er vergeblich – und deshalb wutschnaubend – die Fahrt des schönen Wagens aufzuhalten? Möglicherweise dachte der unbekannte Künstler an eine mythologische Neuschöpfung in Gestalt eines blitz- und kraftstrotzenden Gottes der PS-Zahl, indem er technisch folgerichtig die Kraft eines Autos am Ausstoß der Verbrennungsrückstände maß. Eine frühere Version der Karte zeigt den Adler-Oldtimer noch ohne Überdachung.
Farblithographie, gestempelt 1907
Druck: Kunst-Anst. Kornsand u. Co, Frankfurt

237
Merkur (der ‹Stürmende, Eilende›), erfindungreicher und listiger Sohn des Zeus, fliegt hier als lebensgroße Kühlerfigur, sich mit dem Palmzweig des Fortschritts gegen den Fahrtwind stemmend, auf einem Rennwagen der Firma Sizaire und Naudin mit. Mit einer Geschwindigkeit, die nur noch vorbeihuschende Striche und gestreifte Flächen erkennen läßt, scheint das Auto gerade in die Luft abzuheben. Die ungewöhnlich intensive, nach vorne aus dem Bild stoßende Darstellung der Geschwindigkeit, in der sich das Auto selbst nach hinten aufzulösen scheint, könnte von den phantastischen Autorennen der ersten Stummfilme inspiriert sein. Geschwindigkeitseffekte erzeugte man hier, indem man die mitgezogene Kamera nur auf Einzelpartien, etwa auf den Kühler, scharf einstellte. Nebenbei weist Merkur auch auf das Herkunftsland der technischen Hochleistung: Das von ihm gehaltene, im Fahrtwind wehende weiße Band bildet mit dem roten Auto und dem blauen Himmel die französische Trikolore.
Farblithographie, geschrieben 1919, signiert S. Fonseca
Druck: Gallais, Paris

238
Tantalus, ein übermütiger Sohn des Zeus, wurde für seine Untaten in die Unterwelt verbannt und dort nie endenden Qualen ausgesetzt. So mußte er, selbst im Wasser stehend, Durst und Hunger erdulden, da das Wasser und auch die herrlichen Früchte über seinem Haupte stets vor ihm zurückwichen. Von Menschenhand wurde ihm eine weitere Qual auferlegt: Siemens-Schuckert ließ sein Elend mit den nach ihm benannten Lampen ausleuchten, ohne daß er sie erreichen konnte.
Farblithographie, um 1910

239
Ein echter Kentaur konnte offensichtlich auf den Echt Bayrischen Malzzucker der Deutschen Diamalt GmbH in München nicht verzichten. Das aus der gleichen Druckerei stammende Plakat dieses Motivs ist von W. Sobotka signiert. Das Firmenemblem rechts unten trägt die Initialen M. I. H.
Farblithographie, um 1910
Druck: Klein und Volbert, München

240
Diesen eisernen Kentaur aus dem kubistischen Metallbaukasten hat es für ein militärisches Autozentrum in die Dolomiten verschlagen. Für seinen Einsatz wurde er noch mit dem Pilos-Hut des Merkur und Pfeil und Bogen der Diana ausgerüstet.
Farblithographie, um 1930

geiz der Ungebildeten. Ikarus, Herkules, Prometheus, Merkur, die Göttinnen aller Künste und Tugenden und namenlose Faune mußten für Produkte aller Art Modell stehen.

Riesen und Zwerge

Riesen und Zwerge gehören von jeher zum Figurenarsenal der Legenden- und Mythenwelt. In ihrer Gestalt inkarnieren sich zweifellos Wunschdenken, aber auch Ängste des Menschen. Die Riesen waren wegen ihrer physischen Übermacht gefürchtet und geachtet, doch sie zeigten sich auch von ihrer hilfsbereiten Seite, indem sie ‹böse› Menschen bestraften und ‹guten› in Notsituationen halfen. Der prominenteste Vertreter seiner Art war Rübezahl.
In der Werbung besann man sich fast ausschließlich der positiven Eigenschaften des Riesen, indem man seine übermenschlichen Fähigkeiten mit den Leistungen und der Größe von Produkten und Konstruktionen gleichstellte. So bediente sich vor allem die Schwerindustrie seiner Symbolkraft und ließ ihn dicke Eisenträger biegen oder gewaltige Maschinenteile tragen. Auf der Postkarte erscheint der Riese jedoch weniger in seiner legendären wilden Gestalt, als vielmehr als einfacher ‹Riesenmensch›, so beispielsweise der ‹Kohle-Michel›, der in Anspielung auf die nationale Identifikationsfigur, den ‹Deutschen Michel›, die französischen Konkurrenzprodukte in die Flucht schlägt (vgl. Abb. 241).
Als Zwischenglied zwischen Riese und Mensch war um die Jahrhundertwende der Titan sehr beliebt. Als mythologische Gestalt des klassischen Bildungsrepertoires verkörpert er als Übermensch das in dieser Zeit starke Suchen nach einer säkularisierten Mythologie. Verständlicherweise trat dieser ‹Geistesriese› daher gerne da auf, wo für Bildungsgüter wie etwa populärwissenschaftliche Werke geworben wurde. Kennzeichnend ist aber auch sein Einsatz in den Bereichen der Technologie. Auf einer Postkarte der Firma FIAT trägt er einen neuentwickelten Flugzeugmotor. Als Übermensch, der im Gegensatz zum Menschen selbst seine irdischen Fesseln gesprengt hat, wird er hier zur Symbolfigur der Allianz von Ingenieurwissenschaften und Industrie, zur Allegorie des technischen Fortschrittes.
Zwerge bewährten sich vor allem in zwei Bereichen: bei der Warenpräsentation und

241

242

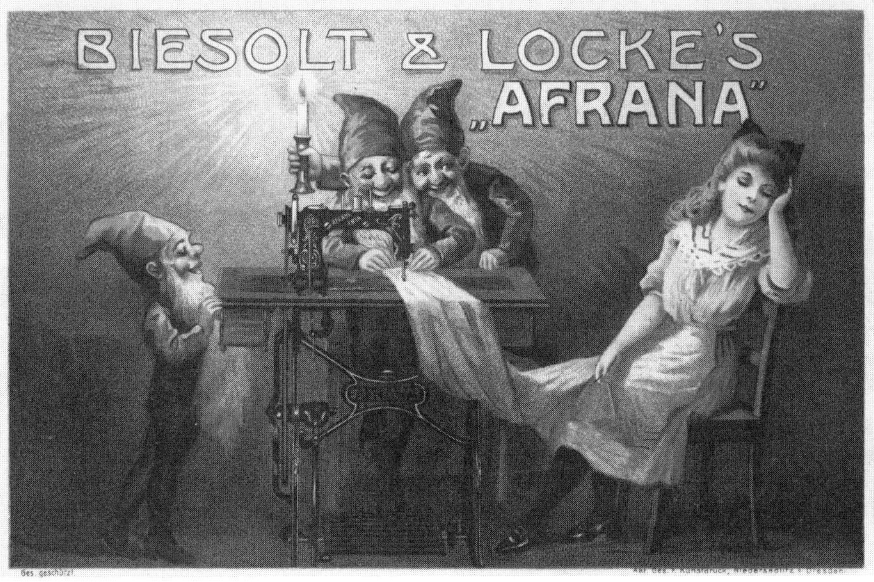

243

< **241**
Was liegt näher, als den Deutschen Michel, die bekannte nationale Symbolfigur mit Pfeife und Zipfelmütze, für die Werbekampagne der Firma Michel einzuspannen? Sichtbar mühelos räumt er mit der (wahrscheinlich) französischen Zwergenkonkurrenz auf. Vergleichswerbung war in diesem Fall erlaubt.
Rasterdruck, signiert R. M. 1913

< **242**
Aufgeschlossen und hilfsbereit gegenüber ‹Jung u. Alt, Gross u. Klein› zeigen sich diese Quellenzwerge, die mit der Verwaltung der Teinacher Hirschquelle betraut sind.
Farblithographie, um 1900
Druck: A. G. Münchener Chromolith, Kunstanstalt

< **243**
Alte Tradition halten die Afrana-Zwerge aufrecht, die nur bei Nacht kommen und dem schlafenden Mädchen ihr mühseliges Tagwerk vollenden.
Farblithographie, gestempelt 1908
Druck: Akt. Ges. F. Kunstdruck, Niedersedlitz

244
Wohl nicht unbeeinflußt vom faschistischen Zeitgeist und seiner Neigung zum Neoklassizismus wählte Sironi diese Stilrichtung für die Darstellung des Fiat-Flugzeugmotors, der einen Geschwindigkeitsrekord aufgestellt hatte.
Rasterdruck, 1934
Druck: Gros Monti & Co., Turin

245
Das Öffnen dieser Riesensektflasche bereitet den Spitzbuben offensichtlich einige Schwierigkeiten, obwohl der eine mit alpinistischer Geschicklichkeit schon fast den Korkengipfel erklommen hat. Doch die zu erwartende Beute, ein gutes Quantum Deutz & Geldermann, entschädigt sicher für alle Strapazen.
Farblithographie aus einer Serie von 12 Karten, um 1914

bei der Demonstration technischer Geräte. Als Warenanbieter wurden sie für fast alle Konsumartikel des täglichen Gebrauchs eingesetzt. Für die Brunnenverwaltung Bad Teinach treten Zwerge als Warenprobenverteiler in Aktion und schenken gratis die Teinacher ‹Hirschquelle› an Menschen aller Nationen und Berufsstände aus. Für die Firma Dunlop transportieren sie einen Reifen vor das Denkmal des ehrwürdigen Firmengründers und die Kalodont-Zahnpastafabrik widmet ihnen gleich eine ganze Kartenserie, auf der eine fidele Zwergenschar für die erste Zahnpasta in Tuben zu neckischen Taten schreitet. Sie schrubben Hasen die Zähne und preisen ihre Ware vorzugsweise bei Prinzen und Prinzessinnen an. Bei der Demonstration technischer Geräte erwiesen sich diese hilfreichen Geister besonders geschickt. Auf den Postkarten der Firma Reiss führen sie mit Begeisterung die Einsatzmöglichkeiten geodätischer Geräte vor. Daß die Wichtelmännchen früher gerne Flachs spannen, ist bekannt, daß aber moderne Wichtel im Gefolge der industriellen Revolution auch lieber Nähmaschinen in Gang halten, versteht sich von selbst ... daß sie dabei nur eine Afrana-Maschine benützen, kann ja nur an der Qualität dieser Maschine liegen!

Die Vorstellung von der Zwergenwelt war immer schon ein fester Bestandteil der Legendentradition, die insbesondere in der Kinderphantasie eine wesentliche Rolle spielt. Aber auch Erwachsenen blieben sie in liebevoller Erinnerung. Mit ihrer rührenden Erscheinung – so läßt sich vermuten – wecken sie entspannte Neugier, bauen als natürliche Sympathieträger eine eventuell vorhandene kritische Distanz ab und übertragen ihr positives Image auf das Produkt selbst. Durch ihre Beziehung zur Kinderwelt gewinnen sie die Kinder selbst als Werbegehilfen. Und handelte es sich ums Zähneputzen, so waren die Eltern sicher für jede Hilfe dankbar.

Die übergroße Darstellung einer Person oder eines Gegenstandes ist wohl die einfachste Methode, das Objekt visuell mit der Vorstellung von Größe, Macht oder Bedeutung zu verknüpfen. Für ein Produkt kann es mal die Qualität des Materials, seine Riesenkräfte, die Robustheit, die Eleganz der Ausführung, der Marktanteil oder seine Beliebtheit sein, die vorherrschend zur Geltung gebracht werden soll. Unausgesprochen, oder auch deutlich ins Bild ge-

247 >
Die ersten Automobile blieben noch längere Zeit ausgesprochene Luxusobjekte; sie sollen immerhin den Gegenwert eines Einfamilienhauses gekostet haben. Deshalb sind auch die ersten Reklamepostkarten für Autos vor allem auf die begüterte Gesellschaftsschicht zugeschnitten. Ein bei vielen Automobilmarken wiederkehrendes Motiv stellt das Auto symbolisch als Spielzeug der Reichen dar. Ein vornehmer Herr in Frack und Zylinder überreicht der Dame seines Herzens ein Auto der Marke Dürkopp.
Farblithographie, 1912, Ernst Deutsch
Druck: A. Molling & Comp. KG, Hannover-Berlin

246/49 >
Die Mode, das Auto als ‹Spielzeug der Reichen› darzustellen, veranlaßte die Brikett-Firma Michel zu einer seinerzeit vielbeachteten Parodie. Während die begüterte Dame verzückt ein Automobil in ihren Armen hält (rechts), wiegt das Dienstmädchen glücklich ein großes Michel-Brikett in den Händen (links).
Autotypien, 1913

249

248
Alle bildnerischen Mittel dieser Karte sind darauf angelegt, die FERT-Zündkerze in ihrer Bedeutung herauszustellen: Konzentrische, sich nach innen aufhellende Kreise verstärken den suggestiven Appell, in die Bildmitte zu blicken. Ein fremdartiges, kubo-futuristisches Männchen deutet eindringlich auf die im Zentrum plazierte Zündkerze. Der Entwurf erinnert mit seinen intensiven Schockfarben an die Pop Art-Malerei der siebziger Jahre.
Raster- und Buchdruck, 1928, Giorgio Muggiani

setzt, kommt aber stets die Überlegenheit gegenüber dem Konkurrenzprodukt zum Ausdruck. Ist es nur ein Päckchen Kakao, das fast formatfüllend sich zum Kaufe anbietet, so hilft seine Größe gewiß, die Gestalt seiner ganz unverwechselbaren, charakteristischen und markengeschützten Verpackung genau einzuprägen. Da die einfache Übertreibung auch als Angeberei wirken konnte, wurden die älteren Karten dieser Art oft mit humoristischen Details oder witzigen Szenen angereichert, die den naiv-arglosen, etwas selbstgefälligen Humor dieser Zeit ebenso illustrieren wie den hochentwickelten Sinn für Situationskomik und deren phantasievolle Übertragung in die bildliche Darstellung.

Die übergroße Darstellung hat vor dem Ersten Weltkrieg oft den Charakter eines Denkmals – nicht verwunderlich in einer Zeit, da das Deutsche Reich, auf dem Gipfel seiner wirtschaftlichen und politischen Macht angelangt, eine wahre Denkmal-Manie entfaltete, der Kaiser seine kulturelle Lieblingsbeschäftigung in der Errichtung von Denkmälern und in deren Einweihung mit Glanz und Gloria sah, die Wörter ‹kolossal› und ‹pyramidal› zu den beliebtesten Steigerungsformen gehörten und auch die Industrie sich selbstbewußt mit Denkmals-Stiftungen in die öffentliche Repräsentation und historische Würdigung einfügte. Als Denkmäler konstruiert waren auch jene tatsächlichen Produktgiganten, die als kurzlebige Ausstellungsgebäude in Form der Produkte selbst konstruiert wurden.

Die überdimensionale, aber auch die verkleinerte Wiedergabe haben eine alte ikonographische Tradition. In der mittelalterlichen Malerei veranschaulichten sie die hierarchische Weltordnung symbolisch in den abgestuften Körpergrößen der himmlischen und weltlichen Herrscher und des Volkes.

Die verkleinernde und verniedlichende Darstellung wurde in der Regel für solche Produkte gewählt, deren Anschaffung selbst bei Reichen Kopfzerbrechen auslösen konnte. Luxus-Limousinen von Benz und Dürkopp erschienen deshalb als extravagante, aber liebenswerte Spielzeuge, die in so menschliche Nähe und Erreichbarkeit gerückt waren, daß man sich ihrer mit ungetrübtem Besitzerstolz erfreuen konnte.

250
Die sogenannten Angeberkarten waren um 1910 in den USA, dem Land der Superlative, sehr beliebt. Sie reflektieren parodistisch den Ehrgeiz der Farmer, die schönsten, die besten und vor allem die größten Agrarprodukte zu züchten. So zeigen Fotomontagen Bauern bei der Ernte von Riesenerdnüssen, Monsterkürbissen und überdimensionalen Wassermelonen, die den Jahresbedarf einer vielköpfigen Familie decken könnten. Für die Verkaufsvereinigung für Stickstoffdünger GmbH gaben diese Karten eine willkommene Gelegenheit, auf drastisch-humoristische Weise die Ertragssteigerung bei Verwendung von Kalkstickstoff sichtbar unter Beweis zu stellen.
Fotokarte, um 1912
Verlag: Julius Friede, Berlin

251
Mit aufwendigen temporären Ausstellungsgebäuden versuchten sich Markenanbieter auf den großen Weltausstellungen an Originalität zu übertreffen. Nach Beendigung der Messe blieben nur noch Bilddokumente wie die Postkarte als Zeugen dieser industriegeschichtlich eindrucksvollen Holz- und Papparchitektur übrig. Die Bauten wurden anschließend niedergerissen.
Farblithographie, gestempelt 1910
Druck: Ritter & Kloeden, Nürnberg

Anthropomorphe

Eine offensichtlich wohlgenährte Zuckerrübe stolziert zigarrenschmauchend über einen Feldweg. Das Erfolgsrezept für ihre üppige Leibesfülle schreibt der Zigarrenrauch in Buchstaben: ‹Borgfelder-Kali›.
Eine offensichtlich nicht in den Genuß dieser Wunderdüngung gekommene Rübe hat Mühe, der ersten zu folgen. Viel schmächtiger humpelt sie auf Krücken hinterher.
Eine nur leicht bekleidete Ansammlung aufgebrachter Frösche steht diskutierend vor einem Schild der Musikalienhandlung und Leihanstalt von Jos. Aibl. Der Grund ihrer Erregung mag wohl in dem überaus reichhaltigen Angebot dieser Firma zu suchen sein.
Verärgert weichen zwei kürzere Blechdosen einer sich in den Vordergrund drängenden großen. Die kleineren – namenlose Produkte – können jetzt einpacken, so lautet die Textinformation, da Krüger mit seinem ‹Ballabin› kommt.
Die Liste dieser kuriosen Postkarten könnte noch beliebig weitergeführt werden und wir haben sie unter dem Oberbegriff anthropomorphe Tier-, Pflanzen- und Gegenstandsdarstellungen zusammengefaßt.
Zur Popularisierung menschlich dargestellter Tiere trug schon in der Mitte des 19. Jahrhunderts der Karikaturist und Illustrator Jean-Ignace-Isidore Gérard bei. Der unter dem Pseudonym Grandville bekannte Graphiker veröffentlichte bereits 1828 in Paris ein Werk mit 70 Lithographien unter dem Titel ‹Metamorphoses du jour›, in dem er Menschen mit Tierköpfen darstellte. Diese Lithographien spielten auf gesellschaftliche und politische Ereignisse der Zeit an. Grandville griff 1842 noch einmal in der Serie ‹animaux parlants› (Bilder aus dem Staats- und Familienleben der Thiere) die Darstellung von Tieren mit menschlichen Verhaltensweisen auf; 1846 wurde diese Serie in Leipzig auch für das deutsche Publikum herausgegeben.
Auch die Arbeiten von Walter Crane (1845–1915) waren sicher richtungsweisend für die anthropomorphen Darstellungen. Der vielseitige Illustrator von Märchen- und Kinderbüchern zeichnete vor allem Blumen und Bäume, die Gesichter tragen. Zuletzt seien noch die sogenannten Bilderbögen erwähnt, die eine große Bedeutung für die Verbreitung solcher Tier- und Pflanzendarstellungen hatten. Man kann diese Bilderbögen als Vorläufer der

252
Der klügste Bauer erntet die größten Gurken, aber nur, wenn er mit Ammoniak düngt und damit beweist, daß er mit seiner Nase der rückständigen Konkurrenz um eine gute Gurkenlänge voraus ist. Die seit 1910 durch das Haber-Bosch-Verfahren ermöglichte Stickstoffdüngung mit Ammoniak bewirkte in der Landwirtschaft große Ertragssteigerungen. Die Technik der Vermenschlichung wurde hier umgedreht: Der Mensch gleicht sich seinem Produkt an.
Farblithographie, um 1910
Druck: Wilhelm Greve, Berlin

253
Mit einem technischen KO endete dieses Duell eines Michelin-Männchens mit einem namenlosen Konkurrenten. Dieser wird sich auch nicht mehr erholen, denn das Speichenrad tritt seinen Siegeszug an. 1895 wurde im Rennen Paris–Bordeaux von den Gebrüdern Michelin erstmals ein Fahrzeug mit Luftbereifung eingesetzt, die im Jahr darauf serienmäßig verwendet wurde.
Farblithographie, um 1905, signiert Raoul Vion

254
Der Erste Weltkrieg läßt sich als erster ‹technischer› Krieg bezeichnen. Nicht die stärksten Bataillone, sondern die Zerstörungseffizienz und die strategische Mobilität von Kriegsmaschinen sollten über Sieg oder Niederlage entscheiden. Flugzeuge und Luftschiffe, die zum ersten Mal zum Kriegseinsatz kamen, hatten trotz ihrer eher bescheidenen Wirksamkeit den höchsten Nimbus; Namen wie ‹Zeppelin› und ‹Taube› erhielten Symbolkraft für nationale Überlegenheit und Siegesgewißheit und wurden auch von der feindlichen Propaganda als solche aufgegriffen und zur Zielscheibe der Gegenpropaganda gemacht. Auch der personifizierte Beobachtungs-Fesselballon aus Continental-Caoutchouc sollte wohl den Feind das Gruseln lehren.
Farblithographie, um 1915

255
Die animistische Belebung der Natur mit menschliche Zügen kam vor allem der volkstümlichen Vorstellungswelt entgegen. Umso erstaunlicher wirkt es, daß auch die Gebrauchsgraphik der zwanziger Jahre, die sich sachlich, konstruktivistisch und funktionalistisch gab, dieses Stilmittel aufgriff. Das piktographisch zum Gesicht stilisierte Haus sollte zum Ausdruck bringen, daß es Lithurin für die richtige ‹Hautcreme› hielt.
Farblithographie, gestempelt 1931, signiert FH?

256
Das Michelin-Männchen, das heute noch manchen Lastwagen ziert, gehörte zu den ersten Warenpersonifikationen. Auf dieser Kartenserie der Deutschen Michelin-Pneumatik A. G. tritt es allerdings als weltbeherrschender, schluckfreudiger Koloß mit ‹Unternehmerzigarre› im Mund auf. Unter dem Namen Bibendum sammelt er alle ‹Coupes›, – Sektschalen als Rennpreise – ein. Auch der Saturn-Ring ist hier ein Michelin-Reifen. Das französische Original der Serie stand unter dem Titel ‹Le pneu Michelin boit l'obstacle›.
Farblithographie, um 1910

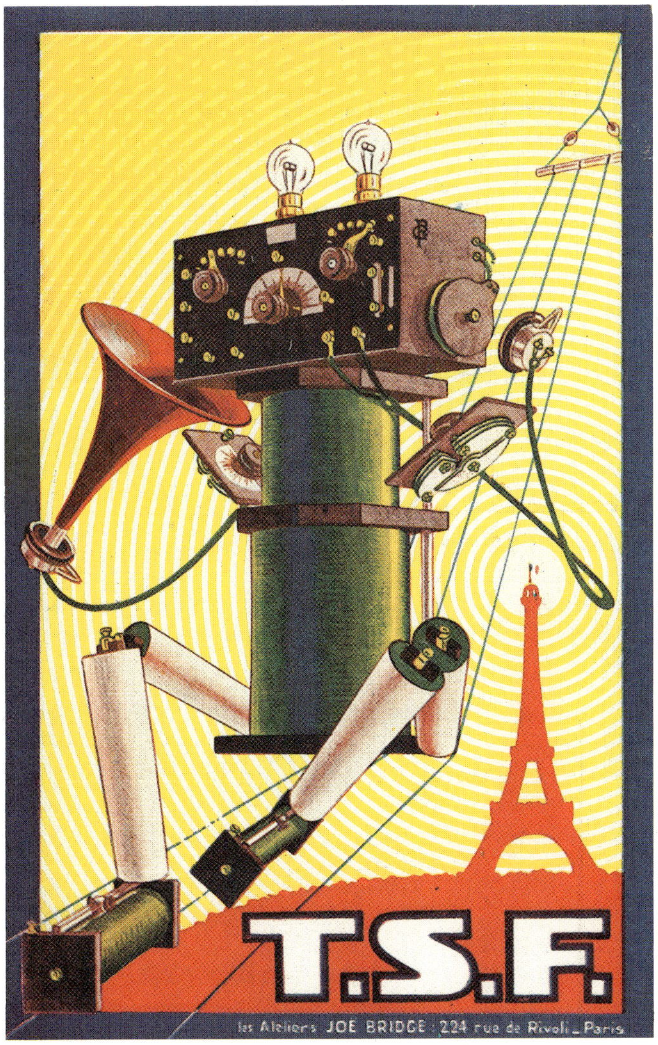

257
Eines der ersten Geräte für drahtlose Telegraphie ist als anthropomorpher Apparat auf einer Tripolantenne sitzend dargestellt. Damals konnte sich der Künstler noch gar nicht vorstellen, welche Entwicklung sein Robotermännchen auf dem Gebiete der Automation noch durchmachen würde.
Rasterdruck, um 1920
Ateliers Joe Bridge, Paris

Illustriertenpresse, aber auch der Comicstrips bezeichnen. Sie erschienen preisgünstig und in hohen Auflagen.
Für die Bildpostkarte war mit den Anthropomorphen ein ideales Sujet geschaffen, das insbesondere im Bereich der Glückwunschpostkarten häufig anzutreffen ist. Tanzende und arbeitende Maikäfer finden sich als beliebte Darstellung für Pfingstgrüße, Schweine als Glücksbringer auf Neujahrskarten, Hühner und Hasen verrichten mehr oder weniger sinnvolle Tätigkeiten zu Ostern.
Daß sich auch die Werbung dieses populären Mediums bediente, konnte nicht lange ausbleiben. Innovativ war die Idee, auch den Produkten selbst menschliche Züge und Eigenschaften zu verleihen. Der Veteran unter diesen Warenmenschen ist unbestritten das Michelin-Reifenmännchen, das bereits 1891 Premiere feierte. Bestimmte Produktgruppen boten sich – bedingt durch ihre Form – eher an als andere. Wohl am augenfälligsten ist diese Stereotypisierung in der Werbung für Kali- und Ammoniakdüngemittel. Hier loben Gurken, Rüben und Kartoffeln die Vorteile der chemischen Düngung. Gerne stellte man sie auch ungedüngtem Obst und Gemüse gegenüber, welches verschrumpft und unglücklich ein Schattendasein fristet.
Auch in der Sektwerbung finden wir oft Flaschen, die menschliche Konturen annehmen, mit einer Belle-Epoque-Dame zum Tanz schreiten oder als ganze Mannschaft die Produktionskapazität der Firma unter Beweis stellen.
Da nur wenige dieser Postkarten signiert sind und nur selten der Name eines bekannten Gebrauchsgraphikers auftaucht, ist anzunehmen, daß die Entwerfer dieser Werbekarten vor allem im Umfeld der Buch-, aber auch Glückwunschkartenillustration zu suchen sind.

258/259/260
Kein Geringerer als T. T. Heine, der Altmeister der sozialen und politischen Satire aus der Blütezeit des Simplicissimus, verbirgt sich hinter der Signatur auf den acht Postkarten der Deutschen Ammoniak-Verkaufs-Vereinigung GmbH. Mit gewohnter Meisterschaft entfaltet er eine satirische Charaktertypologie auf dem ihm wohl neuen Felde der gedüngten und ungedüngten Agrarprodukte. Die Vermenschlichung der mageren und der fetten Früchte traf beide Seiten so im Allzumenschlichen, wie es die Auftraggeber wahrschein-

Im Herbste weint auf ihrem Baume
Einsam und traurig Jungfer Pflaume.
Sie denkt der frohen Blütenschar,
Die dort im Lenz beisammen war
Und sie als Schwestern jetzt umringt hätt',
Wenn man mit Ammoniak gedüngt hätt'.

„Wie strotzen wir von Kraft und Glück!“
Rief die Kartoffel. „Weit zurück
Liegt die Erinnerung an die alten,
Verschrumpften, dürftigen Gestalten.
Das danken wir dem schwefelsauern
Ammoniak des klugen Bauern.“

lich gar nicht haben wollten. Die Ungedüngten sind wie sie sein sollen: wehleidig, griesgrämig, verbittert. Die Ammoniakgesättigten dagegen sind so dick, fest, selbstgefällig und arrogant, daß sie mehr die bürgerlichen Vorbilder karikieren, als die Schönheit großer Früchte zur Geltung zu bringen. Die scheinbar trivialen Dialogverse unterstützen inhaltlich diese beißende Satire.
Kombinierte Lithographie und Rasterdruck, um 1920
Druck: Aktiengesellschaft für Kunstdruck, Niedersedlitz

Utopisches, Exotisches, Erotisches

Mit der bildhaften Umsetzung utopischer Phantasien beschäftigen sich heute vor allem die Filmindustrie und Science-Fiction-Comics mit beachtlichem Erfolg. Doch bereits vor der Jahrhundertwende war die literarische Auseinandersetzung mit technischen Utopien – wie etwa in den Romanen von Jules Verne – eine Angelegenheit, die auf breites Publikumsinteresse traf. Als Bildträger waren Sammelbild und Postkarte daher geradezu dafür prädestiniert, neben dem technischen Fortschritt auch die Zukunftsvisionen zu dokumentieren.

In erster Linie war es die Fliegerei, die um 1900 in den Brennpunkt öffentlichen Interesses gerückt war und Anlaß für die verwegensten Spekulationen bot, wie sich wohl der Alltag durch diese Erfindung verändern würde. Diese Aufmerksamkeit und Begeisterung für Flugzeuge und Luftschiffe ist nur allzu verständlich; mit ihrer Erfindung ging ein jahrtausendalter Menschheitstraum in Erfüllung. Viel stärker noch als ein eigenes Automobil geriet das Privatluftschiff zum ersehnten Statussymbol, und man diskutierte bereits, welche Kirchtürme und Hausdächer sich als Haltestelle für Privatluftschiffe eigneten. Als humoristische Antwort auf derartige Spekulationen wie auch als kritische Warnung vor dem zu erwartenden Chaos, wenn ein jeder in seinem eigenen Luftmobil unkontrolliert über die Stadt steuern würde, erschienen um 1908 in beinahe jeder Stadt sogenannte Zukunftskarten. Diese mit den Mitteln der Fotomontage gefertigten Karten zeigen eine Ansicht der Stadt, deren Luftraum von einer bunten Vielfalt fliegender Ballone, Fallschirmgondeln, Zeppeline, Flugzeugen und Flugfahrrädern erfüllt ist.

Auf dem Trittbrett der damals noch uneingeschränkten Fortschrittsbegeisterung durfte die Werbung natürlich nicht fehlen. Das wohl eindrucksvollste Beispiel dafür lieferte die Firma Chocolat Lombart, die in einer Postkartenserie das Leben im Jahr 2012 ausmalt, um ihren Kunden mit den berauschenden Möglichkeiten der Zukunft den Schokoladegenuß schmackhaft zu machen. Flugzeuge legen an Hausdächern an, um die beliebte Schokoladenmarke einzuladen, und während sich ein Propellerflugzeug auf der Rückreise vom Mond zur Erde befindet, verkündet der Text, daß die Insassen nun in acht Stunden in Paris ihre ‹Chocolat Lombart› zu sich nehmen werden.

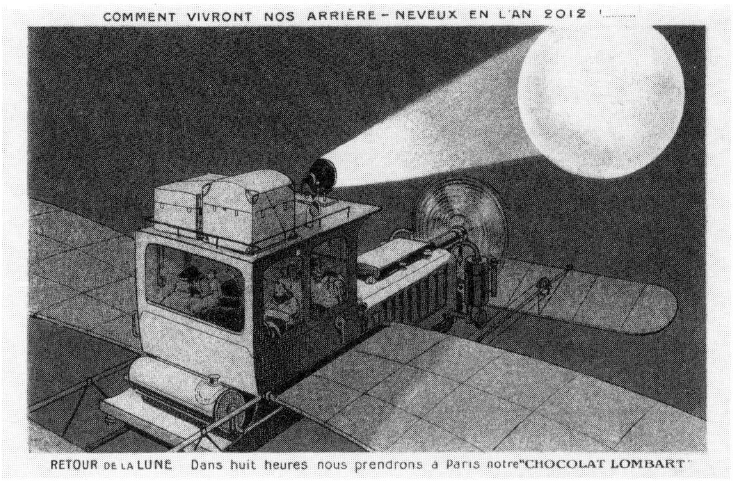

261
Rückkehr vom Mond. In acht Stunden werden wir in Paris unsere Chocolat Lombart zu uns nehmen.

262
Vor allem, Joseph, vergessen Sie nicht unsere Flaschen mit Chocolat Lombart.

263
Hallo Kapitän... Halten sie an der Unterwasserstation von Chocolat Lombart.

< **261/262/263**
Zukunftsvisionen aus dem Jahr 1912. In der Serie «Wie unsere zukünftigen Enkel im Jahr 2012 leben...» stellte die Firma Chocolat Lombart die neuesten Verkehrsmittel und ihre Einsatzmöglichkeiten vor. Zum Teil sind diese Vorstellungen bereits Realität. Man denke nur an die Kurierhelikopter, die auf den Dächern amerikanischer Wolkenkratzer starten und landen.

264
Die Erfindung licht- und waschechter synthetischer Farbstoffe förderte zu Beginn dieses Jahrhunderts die Entstehung großer Chemiekonzerne. Die Firma Indanthren gab in den zwanziger Jahren sowohl in Deutschland als auch in Italien Einzelpostkarten und Serien heraus. Da hier schließlich für Farben geworben wurde, waren auch die Karten entsprechend bunt und farbkräftig gestaltet. Die wohl beeindruckendste schuf G. Sorgiani mit einem Pop-Art-Vorläufer bereits um 1925.
Farblithographie, um 1925, signiert Sorgiani
Druck: Arti Grafiche F. Sella, Mailand

265
Für die luxuriösen Schiffahrtslinien gehörte es zum guten Stil, mit besonders prachtvollen Karten zu werben. Damit kamen sie auch der Schreibfreudigkeit vieler Reisender entgegen. Zu den stilreinsten Art Déco-Postkarten zählt die Serie P der Red Star Line, die ihre jährlichen Karteneditionen mit den Buchstaben des Alphabets kennzeichnete.
Farblithographie mit Golddruck, gestempelt 1926
Druck: J. L. Goffart, Brüssel

Die Duisburger Firma Demag hingegen zeigt auf einer Postkarte, wie im 21. Jahrhundert selbst ägyptische Pyramiden mit Hilfe der unbegrenzten Leistungsfähigkeit ihrer Elektrozüge vom Flugzeug aus (abgebildet ist eine Rumpler Taube) transportiert werden können, während für die Rasierklingenfabrik von Carlo Candiani (etwa 1930) ein Weltraumritter kämpft, der in seiner Modernität einer Phantasiegestalt unserer heutigen Science-Fiction-Filmfiguren in keiner Weise nachsteht.
Neben utopischen Visionen spielten auch exotische Phantasien eine große Rolle. Der Traum von der Reise in die Ferne, von der Erfahrung fremder Kontinente mit ihren Einwohnern und Sitten, steckt wohl in den meisten Menschen. Während jedoch heute, in der Zeit der Reisewellen, Fernziele nur eine Angelegenheit von wenigen Flugstunden sind und durch Billigflüge für fast jeden erschwinglich, blieben andere Kontinente noch um die Jahrhundertwende zwar theoretisch erreichbar, für den Normalbürger waren solche Reisen faktisch jedoch unbezahlbar.
So rückten die Vorstellungen von jenen Ländern in den Bereich der Traumwelt, angereichert durch Informationen aus der Illustriertenpresse oder aber auch Meyers Konversationslexikon. Die Sehnsüchte der einfachen Leute vermischten sich in einem Konglomerat aus verifizierbaren Informationen und individuellen Phantasien von Idealzuständen zu dem schwer spezifizierbaren Begriff ‹Exotik›. Vor allem beflügelten die Europäer diejenigen Kulturen, die ihnen am wenigsten verständlich waren, ihnen am fremdesten erschienen, von denen sie aber schon Erzeugnisse, in erster Linie die sogenannten Kolonialwaren wie Kaffee, Kakao, Schokolade, Tee und Tabak, im eigenen Land erhalten konnten.
Die Darstellung der Exotik in der Werbung ist auch vor dem Hintergrund der individuellen Handelspolitik einzelner Länder oder ihrer Kolonialpolitik zu sehen. Dargestellt wurde gerne, was dem zeitpolitischen Interesse entsprach. Als Deutschland in der Türkei einen interessanten Handelspartner sah, schlug sich das auch in der Werbegraphik nieder: In der Zigarettenwerbung wurde der Türke gerne als vornehmer, rauchender Herr gezeigt. Im Ersten Weltkrieg, als Frankreich auch Senegalesen als Soldaten einsetzte, verlegte die Firma Wagner eine Kriegspostkartenserie, die auf einer Karte einen senegalesischen Krieger abbil-

266
Diese afrikanische Familie soll offensichtlich den Weg aus der Wildheit in die Zivilisation zeigen: Sie trägt – zumindest teilweise – europäische Kleidung. Viel wichtiger aber noch als Indiz für den Fortschritt: Man kocht bereits mit Gas. Wo die hierfür erforderlichen Gasleitungen liegen, verschweigt die Postkarte diskret.
Farblithographie, um 1908

267
Eine beliebte Stereotype der Jahrhundertwende stellt den Schwarzen in seiner Bemühung dar, so elegant wie ein Weißer zu sein. Für diese Anmaßung wird er zwangsläufig damit bestraft, daß er als aufgeputzter Geck, als lächerliche Witzfigur dasteht. Die Lächerlichkeit der Aufmachung wird hier dadurch erzeugt, daß er sich nur mit den schicksten Einzelteilen der männlichen Ausstattung, mit Weste, Kragen und Manschetten ausstaffiert hat, die er auf der nackten Haut trägt. Diese Darstellungen machten sich die Überlegenheitsgefühle der Mitteleuropäer zunutze und wollten gleichzeitig belustigen. Der hier in die Pedale tretende, erst durch das Royal-Fahrrad zum Negerkönig geadelte Schwarze muß zusätzlich im Afro-Französisch sprechen: «Ich immer lachen – nie müde».
Farblithographie, um 1910, signiert Fritayre – St. Etienne

268
Postkarte der Dürkopp-Werke aus einer Serie von insgesamt zwölf Karten. Sie alle bewerben mit zum Teil grotesker Situationskomik Dürkoppsche Produkte: Nähmaschinen und Automobile.
Farblithographie, um 1910, signiert HG

269
Im Ausdruck noch gutmütig, aber ikonographisch komprimiert zur grotesken, comichaften Rumpfgestalt, demonstriert dieser ‹gute Wilde› mit seinen riesigen Kulleraugen eindringlich die Wirksamkeit des Bleichmittels ‹Anti-Kolor›. Nur dieses könnte ihn und seine Leidensgenossen, so wird suggeriert, endlich von der dunklen Farbe befreien und zu waschechten, zufriedenen Weißen machen.
Farblithographie, um 1900

270
Faulenzen und genießen. Wer würde da nicht neidisch? Vor allem, wenn dieser Afrikaner es sich noch mit dem Kaffee der ‹Società Torrefazione Camilloni› gutgehen läßt. Der Postkartenkünstler Tito Corbella, sonst spezialisiert auf italienische Art Déco-Playgirls, präsentiert diesmal einen attraktiven, muskulösen Schwarzen.
Rasterdruck, um 1930

det, der stolz seine Kriegsbeute davonträgt: eine Kiste mit ‹Pelikan-Tinte›.
Wir können in der Darstellung des Exotischen zwei Formen unterscheiden, die sich nur gelegentlich überschneiden. Die eine stellt den fremdländischen, meist stereotypisierten Menschen in den Vordergrund, der in der Regel die Waren seines Landes präsentiert. So überreicht beispielsweise in einem Hafen ein Afrikaner einer Hausfrau Tengelmann-Kaffee; ein Weiser aus dem Morgenland trägt in seiner Tasche Zichorienkaffee der Marke ‹Pacha›; oder eine grazile indische Schönheit präsentiert das Firmenemblem der Firma ‹Indanthren›.
Die zweite Gruppe stellt die andersartige Landschaft heraus und koppelt sie mit dem jeweils zu verkaufenden Produkt: Eine paradiesisch anmutende Welt bunter Vögel bildet den Hintergrund für den Radioempfänger der italienischen Firma Sinti; der Schriftzug der Margarinemarke ‹Hapewe› führt in seiner Verlängerung, eingesäumt von Palmen, auf ägyptische Pyramiden.
Mit dem Landschaftsbild wird hier beim Betrachter eine Stimmung erzeugt, mit der er in Gedanken vor der Alltagswelt entfliehen kann.
Die Anknüpfungspunkte der Werbestrategen sind immer wieder dieselben: die Erotik mit Haremsphantasien und exotischen Schönheiten, die Abenteuerlust mit Indianerdarstellungen und Wildwestromantik, und zuletzt die Sehnsucht nach einer anderen, besseren Welt, mit der vor allem Schifffahrtsgesellschaften gerne warben.

Ein besonders beliebtes Sujet in diesem Zusammenhang waren die schwarzen Afrikaner als Inbegriff des Exotischen. In der populären, für alle Schichten und Gelegenheiten genutzten Postkarte fand sich ein Medium für die unterschiedlichsten Vorstellungen und Phantasien aus allen Richtungen (Abb. 266–270 und 272).
Durch seine Hautfarbe und seine von der europäischen abweichende Physiognomie war der Schwarze dafür prädestiniert, für eine ganze Palette von Klischeevorstellungen in der Werbung eingesetzt zu werden. Die Darstellungen reichen von heiteren, aber realistischen über naive bis hin zu unverhohlen rassistischen Bildern. Eine beliebte Stereotype war der ‹gute Wilde›. Seine Kennzeichen: Baströckchen, Nasenring, gutmütig rollende Kulleraugen und ein riesiger roter Mund. Dank des Farbkontrastes – schwarze Haut, weiße Zähne – mußte er für unzählige Zahnpflegemittel werben. In Assoziation zu seiner Hautfarbe stand er wahlweise Modell für Kakao, Schokolade, Kaffee oder auch Schuhcreme. Im Gegenzug beanspruchten ihn die Hersteller von Bleichmitteln und Seifen. Sie demonstrierten die Wirksamkeit ihrer Produkte bildhaft, indem sie einen Schwarzen zum Weißen machten. Solche Darstellungen wurden in der Regel von der Bevölkerung mit Erheiterung aufgenommen, ohne daß man sich Gedanken über rassistische Tendenzen gemacht hätte. Sie entsprachen dem Menschenbild einer Kolonialmacht und ihrer Einstellung gegenüber den Kolonialvölkern. Der Afrikaner wurde nicht als vollwertiger Mensch angesehen, sondern als Diener oder sogar als Homunculus. Die ‹schmutzige› Hautfarbe galt als Beweis seiner Minderwertigkeit. Die Schwarzen selbst, so unterstellte die Werbung, wären eigentlich lieber weiß. Die selbstherrliche Einstellung gegenüber den Schwarzen zeigt sich selbst in der Darstellung ihrer Körpergröße. Gegenüber dem ‹zivilisierten› Weißen werden sie gerne unnatürlich klein, oft auch als Kinder oder kindgleich gezeigt, um die Überlegenheit des Betrachters, aber auch des Produkts zu unterstreichen. Als Beispiel hierfür sei die Postkarte der Dürkoppwerke (Abb. 268) genannt: Europäische ‹Herrenmenschen› begegnen in einem glänzenden Automobil der Marke Dürkopp dem ‹Schwarzen Kontinent›, einer Welt mit kleinwüchsigen Menschen, nur mit Baströckchen und Strohhut bekleidet, in Begleitung einiger Affen, deren Gesichtszüge deutlicher gezeichnet sind als die der Menschen. Ihr Fortbewegungsmittel ist das Nashorn, mit Kuhglocke behängt und einem Gummipuffer auf dem Horn. Das Gegenstück zum ‹Wilden› bildet als weitere Klischeefigur der ‹halbzivilisierte› Afrikaner, der angesichts der Industrieprodukte in freudiges Entzücken gerät. Hier schwingt auch noch der Missionierungsgedanke mit, nach dem der ‹Wilde› erzogen und zu einem ‹guten Neger› geformt werden mußte. Die Liste der Stereotypen ließe sich noch weiter ausbauen, auf der anderen Seite gab es jedoch auch Gebrauchsgraphiker, vor allem im Bereich der Werbung für Musikveranstaltungen und Jazzlokale, die versuchten, ohne Rückgriff auf Vorurteile mit Schwarzen zu werben.
Neben der fernen Exotik fremder Länder und Menschen gab es die naheliegende, deswegen jedoch nicht unbedingt leichter

271
Mit Dick's American Cocktail hatte dieser elegante Mann offensichtlich die besseren Chancen beim Flirt mit den Bardamen als die Konkurrenz. ‹Americanisch› nannten sich gern exclusive Bars um die Jahrhundertwende. Auch der Likörfabrikant C.A.C. Dick suchte das Prestige seines Cocktails mit Hilfe der Stars and Stripes zu heben.
Farblithographie, um 1908

272
Der schwarze Dandy als Mann von Welt wird meist nur karikiert dargestellt. Nur selten setzte sich ein Graphiker unvoreingenommen mit diesem Motiv auseinander, wie hier O. Soltau in der Postkarten-Serie für Bruns Cigaretten.
Farblithographie, 1909, signiert Otto Soltau 09
Druck, Aktiengesellschaft für Kunstdruck, Niedersedlitz

erreichbare Exotik: die bessere Gesellschaft, die High Society.
Schon in der Anfangszeit der Massenwerbung um 1900 spielten Luxus-Produkte eine große Rolle, die ihre Existenz erst dem technischen Fortschritt verdankten, mit dem sie dem Verbraucher tatsächliche Erleichterungen und Verbesserungen der Lebensqualität brachten. Für einen nicht mehr unbedeutenden Teil der Bevölkerung, für das durch die Gründerzeit, Wirtschaftsexpansion auf allen Gebieten, Handel und Rüstung reich gewordene Bürgertum, spielte der Preis kaum mehr eine Rolle. Hier stand man angesichts der konkurrierenden Überproduktion schon eher vor der Qual der Wahl. Hier hatte die Werbung einzusetzen, indem sie die ständige Steigerung von Qualität, Schönheit und Komfort neuer Modelle herausstellte oder auch den Prestigewert von Luxusausführungen und Sonderanfertigungen vor Augen führte. Marktstrategisch ging es darum, sich möglichst klar von der Konkurrenz abzuheben. Man mußte sich durch konsequente Selbstdarstellung einen Namen machen, einen Markennamen mit Tradition, Flair, Nimbus oder einem ‹gewissen Etwas›, damit der Anspruchsvolle, Verwöhnte, Noble und der ‹das Besondere Liebende› das zu ihm passende Produkt wiedererkannte und dankbar den höheren Preis bezahlte. Die Werbung war das neue Medium, mittels dessen sich die alten und die vielen jungen Firmen und Unternehmungen aus der Anonymität emporheben, den Erfolg und die Identität des Unternehmens behaupten konnten.
Das Bemühen, die Produkte hochzustilisieren und ihren Prestigewert auf den obersten Rängen zu plazieren, deckte sich mit dem gesellschaftspolitischen Ranganspruch der sie produzierenden Unternehmerschicht und mit den Karriereträumen des immer noch politisch untertänigen, aber stets sich nach oben orientierenden und identifizierenden Bürgertums. So konnte sich auch der ‹nur› reiche Bürger mit der Wahl des richtigen Sekts wenigstens als Konsument in die erlesene Gesellschaft einreihen: unter die patriarchalischen Erfolgssenioren, die ewig jungen Lebe- und Luxusdamen und die geschniegelten preußischen Militärs, die von selbst ganz oben schwammen, auch wenn manchmal der Schneider nicht bezahlt wurde ...
Für die Mehrzahl der Bevölkerung aber lag nicht nur der Luxus, sondern auch der mit ständig wachsender Schnelligkeit sich selbst

273/274
Die Tendenz der Werbung, mittels der angepriesenen Produkte letztlich die Erfüllung von Hoffnungen, heimlichen Wünschen und sozialen Aufstiegsträumen zu suggerieren, führte schon in ihrer Pionierzeit zu einer Stereotypisierung der sozialen Schauplätze. Das anfänglich reichhaltige Arsenal an beruflich oder sozial typisierten Charakterfiguren schrumpfte allmählich zu einem Standardtypus des jugendlichen, sportlichen, weltmännisch genießenden Erfolgsmenschen, der sich mit Vorliebe vor den Traumkulissen paradiesischer Strände, nobler Hotelhallen, eleganter Lokale und auf Tennisplätzen aufhält.
Links: Werbekarte der Fabbriche Riunite Industria Gomma Torino, um 1930
Dudovich zugeschrieben
Druck: S. Vagcari, Milano
Rechts: Farblithographie, geschrieben 1924

überholende Fortschritt außerhalb oder am äußersten Rand des Einkommens. Auch hier hatte die Werbung einzusetzen: Sie ließ all die Verlockungen Revue passieren, mit denen das Leben leichter, gesünder, heller, bunter, müheloser zu gestalten war. Die Vorteile des Fortschritts waren noch eindeutig erkennbar. So brachte es etwas, wenn man sich noch mehr abmühte, um ‹sich etwas zu verbessern›, um sich den Fortschritt leisten zu können, den die Bessergestellten schon lange genossen. Auch hier schuf die Werbung den sozialen Stachel, das Verlangen und den Ansporn, indem sie Gebrauch und Verbrauch der wünschenswerten Produkte stets in jenen Schichten vorführte, in denen es sich anscheinend – eben mit und wegen dieser Produkte – so leicht leben ließ.
Auf dem Gebiet der Werbepostkarte haben Phantasie und der Wille, mit allen Mitteln Produkte verführerisch oder bedeutungsvoll ins Bild zu setzen, Kompositionen und Bildideen hervorgebracht, die sich mit der traditionellen Ikonographie kaum noch erklären lassen. Die sich frei entfaltende Phantasie der in Unabhängigkeit entlassenen Künstler und bald auch die manipulative Nutzbarmachung psychologischer und sozialer Erkenntnisse hatten zum Ruhm der Industrie und ihrer Produkte und zur Erbauung der Verbrauchermassen eine neue Bilderwelt geschaffen, in deren Himmel das Konsumglück als Traumerfüllung vorgespielt wurde. Die beglückende Verschmelzung von irdischer und himmlischer Seligkeit vor einer religiösen Bildtafel findet sich wieder in der Verschmelzung von Produktwahl und Traumerfüllung im Werbebild. Doch die zu erfüllenden Träume wurden und werden jeweils vorgefertigt mitgeliefert. Die traumhaft schöne Werbung ist selbst die Erfüllung dessen, was sie verheißt, denn kein Produkt kann halten, was die Werbung verspricht.
Traum und Verheißung lassen auch das Flair entstehen, das die Prominenz umgibt. Prominente sind Identifikationsfiguren ersten Grades. Als Filmstars werden sie von einem Millionenpublikum bewundert, als Rockstars von Teenagern angeschmachtet. Bei den Komikern ist man davon überzeugt, daß es in ihrem Privatleben genauso lustig zugeht, wie im Film, obwohl sie uns selbst immer wieder glauben machen wollen, daß es in Wirklichkeit nicht so ist. Wen mag es da verwundern, daß schon früher die Industrie mit verlockenden Angeboten

275
Cappiello soll in der Postkarte auch «ein nützliches Instrument, der breiten Masse Kunst nahezubringen» gesehen haben. Von dem ‹Italiener in Paris› sind über 30 Karten – italienische und französische – bekannt. Die abgebildete Postkarte wirbt für den Aperitif ‹Americano Poccardi›. Rasterdruck, 1922, signiert Cappiello

an sie herantrat. Auch die nicht mehr ganz so prominenten Prominenten zögerten da nicht allzulange, sich wieder einmal in Erinnerung zu bringen. Schließlich hatte man ja schon lange nichts mehr von sich hören lassen. Wer meint, daß es dem Ansehen der ‹Göttlichen› schadet, wenn sie ganz banale Hausarbeit verrichten, mit dem AEG-Staubsauger durch ihre Hotelsuiten fegen, selbstgehäkelte Hausanzüge aus ‹Schwanen-Shetlandwolle› tragen oder mit ‹Odol› gurgeln, der irrt! (Abb. 276–279)

Zu den beliebten Kalauern der Werbegeschichte gehört die Darstellung des paradiesischen Sündenfalles als erstem Fall der Werbung: Mit dem rein natürlichen Werbemittel ihrer anatomischen Formgebung habe Eva den Adam zum Apfelbiß verlockt. Da angesichts der paradiesischen Marktlage eine Steigerung des Apfelkonsums für keinen der Beteiligten irgendeinen Vorteil bringen konnte, muß der biblische Vorfall wohl so interpretiert werden, daß Eva keineswegs für den Apfel, sondern für sich selbst warb, und daß nicht der Apfel, sondern der Verführungsvorgang Ursache der bekannten Folgen war. Daß der dritte Mitspieler des ersten menschlichen Zwischenfalles, nämlich die Schlange, dabei zwangsläufig die Rolle eines Werbemanagers übernahm, ist in diesem Zusammenhang nicht wichtig; dagegen kann man nicht die Augen davor verschließen, daß seitdem, zumindest aber seitdem es durch den Einsatz gedruckter Bildwerbung fortwährend augen(ge)fällig wird und dokumentarisch erhalten bleibt, die weibliche Anatomie sich als gängigstes und immer noch wirksamstes Werbestimulans eine Monopolstellung erhalten hat.
Ein kleiner Unterschied ist allerdings zur Regel geworden: die Zulieferer der erotischen Werbung vermeiden mit zuweilen virtuoser Geschicklichkeit die paradiesische Nacktheit. In der zivilisierten, weil bekleideten Menschheit wirkt nicht mehr Nacktheit, sondern Entblößung verführerisch. Für manche Künstler und Werbestrategen scheint es wie bei Eva als Ansprachemöglichkeit überhaupt nur den weiblichen Sex-Appeal zu geben.
Die Erotik, das verfeinerte, von der jeweiligen Kultur geprägte Spiel mit der Sexualität, beschritt in der Werbung häufig eine akrobatische Gratwanderung. Es galt, nicht nur die vorherrschende Moralauffassung der Zeit und der jeweiligen Völker und Ge-

276
Zahnprobleme konnte sich so ein Meiloc beim besten Willen nicht leisten, ein sicherer Beweis für die Glaubwürdigkeit der Empfehlung.
Farblithographie, gestempelt 1926
Druck: Kunstanstalt Stengel & Co GmbH, Dresden

277
Wie Edmonde Guy hier glaubhaft demonstriert, bestand die Grundausrüstung für einen echten Art Déco-Vamp aus dem bekannten Bubikopf, einem glitzernden Morgenmantel und dem unbedingten Muß: einem AEG-Staubsauger der Marke ‹Vampyr›.
Farbrasterdruck, um 1928

279
Josephine Baker war in den zwanziger Jahren der erste schwarze Unterhaltungsstar im Folies Bergère. Sie, die die Männerwelt von Paris mit ihrem berühmten Bananengürtel begeisterte, war offensichtlich eine Liebhaberin von Sauerkirschen, speziell der Sorte ‹Nigger-Weichsel›.
Rasterdruck, 1928

278
Die Schauspielerin Maria Paudler führt hier ihren Hausanzug aus ‹Schwanen-Shetlandwolle› vor, den sie in den Drehpausen vielleicht selbst gehäkelt hat.
Fotografie, um 1925
Atelier: Phot. Ernst Schneider, Berlin

280
Einseitige, meist von unten nach oben gerichtete Überstrahlungen von Objekten und Gesichtern waren in der Fotografie der Jahrhundertwende beliebt, um magische und okkulte Effekte zu erzielen. Auch die Maler Böcklin und Stuck bedienten sich dieser Lichtführung für ihre mystischen und dämonischen Bildnisse. Auf diese Art kombinierte der Künstler dieser Karte zwei damals gleichermaßen beliebte Schönheitsideale: das mädchenhaft verführerische Gretchengesicht überzeugt mit dem rätselhaft zwingenden Blick einer Sphinx von der Wirkung der Leichner-Schminke.
Farblithographie, um 1910

sellschaften zu beachten, in der Werbung hatte die Erotik erstmals auch die Aufgabe, als öffentlicher Blickfang mit einem Appell an jedermann heranzutreten. Im Gegensatz hierzu waren erotische Illustrationen in Büchern, lose Einzeldrucke oder Fotos eine diskrete Angelegenheit: Mehr oder weniger heimlich unter dem Ladentisch gehandelt, als Liebhaberausgaben oder wissenschaftliche Werke getarnt, standen sie für den Interessenten zum privaten Erwerb bereit, ohne daß Unbeteiligte oder Ablehnende damit konfrontiert worden wären. So konnte es nicht ausbleiben, daß freizügige Darstellungen in der Werbegraphik immer wieder zur Zielscheibe der Kritik staatlicher und klerikaler Institutionen, aber auch privater Interessengruppen wurden, welche in ihnen eine Gefährdung der öffentlichen Moral sahen. So manches Plakat und auch manche Postkarte mußte infolge von Interventionen dieser amtlichen oder selbsternannten Sittenwächter den Rückzug antreten oder in einer entschärften Form erscheinen.
Dennoch belegen zahlreiche Postkarten, daß die Wilhelminische Zeit keineswegs so lustfeindlich war, wie es ihr gelegentlich nachgesagt wird. Mit einer gewissen Finesse ließen sich gesetzliche Vorschriften und die Normen der Prüderie leicht unterlaufen. Als beliebtestes Mittel dazu wählte man schlüpfrige Zweideutigkeiten und versteckte sexuelle Symbole. Diese wurden zwar eindeutig als erotische Anspielungen verstanden, vor den Augen der strengen, aber formalistischen Moralexperten konnten sie jedoch scheinheilig ins Harmlose gewendet werden. Zu den bevorzugten Symbolen gehörte unter anderem die Sektflasche, deren Phallusform unverhohlen eingesetzt werden konnte, da sie als Symbol der Verführung in bildlicher Übereinstimmung mit dem Produkt selbst stand. Die Form der Flasche suggeriert die Unentbehrlichkeit ihres Inhaltes zur Lustgewinnung.
Aber auch harmlose Nacktheiten waren erlaubt, wenn sie sich in bestimmten, scheinbar unverfänglichen Rollen darboten. So konnten jugendliche Unschuld oder züchtige Verschämtheit ruhig etwas strapaziert werden, ebenso die kühle Unnahbarkeit der allseits beliebten allegorischen Göttinnen, die ihre im Geschmack der Zeit ziemlich molligen Idealmaße für alle Branchen zur Geltung brachten. Als unverfänglich, weil überirdisch, und als bedenkenfrei, weil von keiner irdischen Macht mehr tabuisiert, galt überhaupt die gesamte Götterwelt der Antike, die man im Geschmack der zeitgenössischen Kunst vornehmlich in einem heidnischen Paradies, dem nostalgisch betrauerten Arkadien, ansiedelte und nach Belieben als heroische Symbolgestalten für Kraft und Schönheit in den Dienst der Markenwerbung stellte. Unbehelligt und unbescholten blieb auch die raffinierte, scheinbar gerade noch verhinderte Entblößung, bei der man das spielerische Drumherum um so genüßlicher in Szene setzte und damit erst recht die Stimmung freundlicher, manchmal auch schwülstiger Erotik erzeugte. Dem äußeren Zwang zur moralischen Selbstzensur und zum einfallsreichen Eiertanz folgte aber auch die taktische Erkenntnis, daß gar nicht aufreizendes Buhlen der zugkräftigste Stimmungsmacher ist, sondern pikante Andeutungen oder verschleierter Charme die Phantasie der Konsumenten mehr beflügeln, indem man ihr einen größeren Spielraum läßt. So ließen sich auch die Frauen selbst gewinnen, indem man sie in ihrer Weiblichkeit bestätigte und ihnen versprach, auch so verführerisch sein zu können wie die abgebildeten Schönheiten – vorausgesetzt natürlich, sie kauften jenen Markenstrumpf, benutzten eine bestimmte Badeseife oder rauchten eine besondere Zigarettensorte (Abb. 281–286).

281 >
Junge, laszive Damen waren das favorisierte Motiv des schon seinerzeit sehr beliebten Postkarten-Künstlers Raphael Kirchner. Viele seiner Karten, für die ihm seine Frau Nina Modell stand, können als Vorläufer der Pin-ups betrachtet werden. Kirchner arbeitete als Illustrator auch für frivole Zeitschriften, in denen freie Schultern und sichtbare Waden für die erwünschte Chambre-séparée-Stimmung sorgten. Werbeaufträge nahm er nur äußerst selten an.
Farblithographie, um 1900, signiert Raphael Kirchner
Druck: E. A. Schwerdtfeger, Berlin

283 >
Rotkäppchen, die Lolita der Grimmschen Märchenwelt, posiert frech auf einer Flasche der eigens nach ihr benannten Sektmarke der Firma Kloss und Foerster.
Farblithographie, um 1925
Druck: Wezel & Naumann AG, Leipzig

282
Daß Baden, mit oder ohne Riedels Bade-Seife, ein besonderer Spaß sein kann, demonstriert diese Dame mit einem Freimut, der zu ihrer Zeit höchst provokativ wirken mußte. Es ist auch sicher, daß sie in dieser Pose auf einem Plakat sehr viel öffentliches Ärgernis erregt hätte und nicht ungeschoren geblieben wäre. Im Postkartenformat gehörte sie zum Privatbereich, wanderte zur Auflockerung in das Album oder in ein Geheimfach.
Farblithographie, um 1910, signiert R. F.

284
Für den Deutsch-Österreichischen Alpenverein damals sicher nicht akzeptabel, wohl aber für den ausgelassenen Herrenabend eines eher exklusiven Skiklubs: die Wunschvorstellung einer ganz besonderen Fuchsjagd im frischen Schnee mit einer Pistenfee von Carl Moos, die frisch, frech, fröhlich, frei mit und als Siegestrophäe den jagenden Vereinsmannen vorausschwebt. Die Werbeabsicht dieser Karte lag weniger in der Breitenwirkung als in der privaten Verbreitung guter Laune.
Lichtdruck, um 1910, signiert Moos

285
Aleardo Terzi arbeitete als Künstler auf sehr verschiedenen Gebieten: als Architekt, als Entwerfer von Möbeln und Keramik, aber auch als Maler, Illustrator und Gebrauchsgraphiker. Neben Reklamepostkarten entwarf er auch zahlreiche Postkartenserien, die Frauen und Modeillustrationen zeigen.
Farblithographie, 1911, signiert A. Terzi
Druck: E. Chappuis, Bologna

286
Auf deutschen Karten bisher nicht nachgewiesen, in Italien bereits damals toleriert: Busengreifen für die Schokoladenfabrik Perugina, gestaltet von Federico Seneca.
Farblithographie, um 1930, signiert Seneca

Familienglück

Stütze und Baustein von Staat und Gesellschaft wird die Familie genannt, und seit es in Gestalt einer omnipräsenten Presse eine wache öffentliche Meinung gibt, werden Politiker aller Richtungen nicht müde, sich mit allem Nachdruck für ihr Wohlergehen einzusetzen. Dabei wird an Rezepten und Regeln selten gespart, um klar zu machen, nach welcher Façon das Familienglück gesichert werden kann und soll.
Die Konsumwerbung hat hier eine Menge ganz konkreter Hilfen anzubieten, und selbst auf die mißliche Tatsache, daß kein Glück (zum Glück der Wirtschaft) von Dauer ist, hat man sich bestens vorbereitet. Da auf dem Gebiet der Lebenshilfen und Glücksbringer für Innovationen keine Grenzen gesetzt sind, liegt es nur an der Werbung, diese wirksam zum Einsatz zu bringen.
Die gesamte Familie anzusprechen, ergibt sich bei manchen Angeboten von selbst. Sie als Zielgruppe zu aktivieren, empfiehlt sich im Interesse der Resonanzsteigerung letztlich für alle Artikel des häuslichen Bedarfs. Doch gibt es da wichtige Ausnahmen, nicht jedes familienwichtige Produkt darf auch mit jedem Familienmitglied assoziiert werden. So ist auf alten Karten zum Beispiel für den Einsatz des richtigen Waschpulvers bei der großen Wäsche allein das arbeitende Dienstmädchen oder die lenkende Hausherrin zuständig. Die moderne Werbung, die alles erst genau hinterfragen läßt, um zielsicher einsetzen zu können, hat daran nichts geändert. Männer erscheinen höchstens als Lob spendende und Küßchen verteilende Abnehmer der blütenweißen Hemden. An der binnenfamiliären Rollenverteilung hat sich nach außen seit der Jahrhundertwende nichts geändert.
So wie die Zwerge immer hilfreich sind, so ist das Kind immer lieb. So beweist es jedenfalls die Werbepostkarte. Adrett gekleidet, frisch frisiert, mollig und wonnig strahlend im besten Vorzeigealter von sechs bis acht Jahren, ist seine Lieblingsbeschäftigung, wenn es nicht gerade artig seine Hausaufgaben verrichtet, mit musterhaften Manieren den Eltern und jedem Kartenbetrachter schöne Geräte oder leckere Nahrungsmittel vorzuführen – verständlicherweise besonders jene, die eine kinderliebe, besorgte Mutter ihrem Herzblatt nicht vorenthalten darf. Und das zu ihrem eigenen Wohl, will sie großes Weh-

287
Familienglück um 1900 – dank Dr. Hommels Haematogen.
Farblithographie, gestempelt 1911

Siemens 31, Dreiröhren-Netzempfänger

288
Familienglück um 1930 – dank Siemens Dreiröhren-Netzempfänger.
Kupfertiefdruck, um 1930

geschrei verhindern ... Daß freilich nur brave Kinder auf die Postkarte kommen, versteht sich von selbst.
Moderne Verkaufstrategien sind prosaisch einfach, dafür kostensparend und effizient: In den Konsumparadiesen liegen die Schleckereien in kinderfreundlicher Sicht- und Greifhöhe zur Selbstbedienung bereit. Der Kaufmann der Jahrhundertwende operierte da umständlicher, aber persönlicher. Mit Kindermotiven auf seinen selbstlosen Bildzugaben hielt er sich nicht nur, wie mit jedem Sammelbild, beim bilderhungrigen Nachwuchs wie bei der sammelbewußten Elternschaft in ständiger Erinnerung, sondern vervollkommnete bei Jung und Alt die Vorstellung vom idealen Kinderglück, das nur erreicht sein konnte, wenn sich das Kind markenbewußt mit dem besten Anzug und mit der feinsten Schokolade ausgestattet sah. Die Eltern, die bekanntlich immer nur das Beste für ihre Kinder wollen, konnten sich der suggestiven Bildverknüpfung von heiler Kinderwelt und Produktwahl wohl schwer entziehen.
Kinder wurden und werden aber nicht nur zielgruppenbewußt für ihre eigenen Konsumwünsche eingesetzt, sie posieren für jedes beliebige Produkt. Der Grund dafür ist einfach: Das liebe Kind wirkt als Bildklischee wie das der Zwerge; der erste Blick, der wichtige Kontaktblick, entspannt sofort, läßt Abwehr gar nicht zu, stimmt menschlich, erweckt Mutter- und Vaterinstinkte ... und wer überhaupt könnte etwas gegen fröhliche, mit ihrer Unschuld entwaffnende Kinder haben?

Die Hand

Der Abdruck von bloßen Händen findet sich schon in den ältesten Höhlenzeichnungen, und in allen Religionen und Kulturen spielten stilisierte und rituelle Handgesten eine wichtige Rolle in den Zeremonien und Auftritten von Priestern, Magiern und Schauspielern. Die symbolische Befrachtung der Hand ist äußerst vielfältig und im einzelnen oft noch ungeklärt. Eine die Wolken durchbrechende Hand war in den Katakomben das erste Symbol für den christlichen Gottvater. Als segnende und schützende Hand hat sie sich in der christlichen Ikonographie bis heute erhalten. Auch die Hand Fatimas, der Tochter Mohammeds, versprach, als Amulettt getragen, die Abwehr des Unheils von seiten böser Dämonen und Menschen. Die geöffnet erhobene rechte Hand beim Faschistengruß sollte nach dem Vorbild römischer Kaiser das Heil der Sonne herabrufen. Handschlag und Schwurhand stehen immer noch für rechtliche Verpflichtungen ein.
Zu den frühesten elterlichen Umgangsregeln gehört der Verweis, daß man nicht mit Fingern auf andere Leute zeigen solle. In feineren Kreisen soll man das Gebot auf die nackten Finger reduziert haben. Jedenfalls steckt dahinter die (eigene) Erfahrung, daß sich derjenige, auf den gezeigt wird, unangenehm betroffen fühlen könnte. In der Werbung sah man das anders: Man konnte ja gar nicht genug auf eine Ware hinweisen ... Deshalb gehört hier die Abbildung der Hand als Hinweis, als Aufforderung oder als Präsentationshilfe der Ware zu den am häufigsten eingesetzten Elementen.

291>
Noch im Stil von Zeitungsanzeigen ist diese Reise-Avis der Gebrüder Baur gestaltet, die einen Poststempel von 1885 trägt. Nicht nur die schwarzen Hände, sondern auch die Wahl unterschiedlicher Schrifttypen sollten diese reine Textpostkarte optisch beleben.
Lithographie, gestempelt 1885

292>
Einige Avantgarde-Künstler vermieden es bewußt, die Kartenrückseite mit einem Adreßvordruck zu versehen. Dadurch ließen sie die Möglichkeit offen, die Karten zu verteilen, im Umschlag als Brief zu versenden oder auch als Postkarte zu verschicken. Auch diese dadaistische Einladungskarte für ein Künstlerfest von Walter Dexel hat eine Blankorückseite. Die Dadaisten verwendeten gern Zeitungsausschnitte als Collageelemente, vor allem aber gehörte die zeigende schwarze Hand zu ihren beliebtesten Bildelementen.
Buchdruck, 1926

289
Musterkinder im Dienste der «bestexistirenden Grammophonnadel der Welt».
Farblithographie, um 1908

290
Mustermutter im Dienste der «Pratana Pflanzen-Butter-Margarine».
Farblithographie, um 1910
Druck: Martin Backer GmbH, Dresden

291

292

293
In der Privatwerbung durften es sich meist nur gemütliche Senioren erlauben, mit ausgestrecktem Finger den Kunden anzusprechen, oder aber ein Mann wie der Romanheld Billy Jenkins, der mit retuschiertem Auge und der Revolverhand für die scharfe Munition der Rheinisch-Westfälischen Sprengstoff A.-G. auf den potentiellen Waffenfreund zielt. Billy Jenkins, mit bürgerlichem Namen Erich Rudolf Otto Rosenthal, 1885–1954, war Kunstschütze und Raubvogel-Dresseur; nach ihm wurden die 1934–39 erschienenen ‹Billy-Jenkins-Hefte› mit Wildwest-Geschichten benannt.
Rasterdruck
Druck: Meisenbach Riffarth u. Co, München

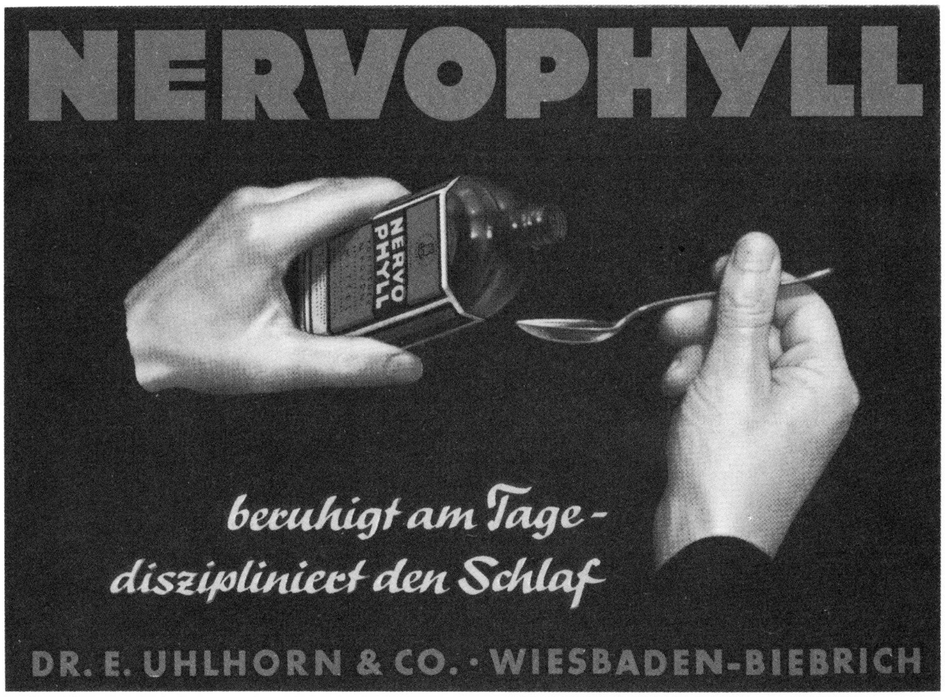

294
Etwa um 1940 gab die Chemisch-Pharmazeutische Fabrik Dr. E. Uhlhorn, Wiesbaden, eine Serie von mindestens sechs Karten über das Beruhigungsmittel ‹Nervophyll› heraus. Diese wurden noch bis in die frühen 50er Jahre direkt an Ärzte verschickt. Sie stellen graphisch und thematisch eine gelungene Ausnahme im Rahmen der während der Kriegszeit sehr mittelmäßigen Werbegraphik dar.
Kombinierter Buch- und Rasterdruck, um 1940

295
Wirtschaftlichkeit und Sparsamkeit waren gern gebrauchte Schlagwörter, mit denen schon um die Jahrhundertwende vor allem die Hersteller von Glühlampen argumentierten. Während sie noch wenige Jahre zuvor hauptsächlich mit den Interessenverbänden von Kohle und Gas konkurrieren mußten, galt es nun, sich mit ausgefallenen Werbeideen von anderen Lampenherstellern abzuheben.
Farblithographie, um 1912, signiert Herm. Frenz.

In der frühen Annoncenwerbung findet sich sehr oft die im Profil als Schattenriß gezeigte Hand mit ausgestrecktem Zeigefinger. Sie unterstützt hier als einziges Bildelement den Text, indem sie auf ihn hinweist und damit auf ihn aufmerksam macht. Um diese Wirkung zu steigern, setzte man auch mehrere dieser Hände in einer Reihe übereinander oder rahmte den Text rechts und links mit diesen ‹Fingerzeigen›. In dieser einfachen Form erfüllte die Hand erstmals die Hinweisfunktion eines Piktogramms, indem sie als allgemeinverständliches Bildsignal das Augenmerk des Lesers auf sich und in die Richtung der eigentlichen Botschaft lenkte.
In der bildlichen Werbung treten Hände häufig als pars pro toto anstelle des zu erwartenden Menschen auf. Sie präsentieren Waren oder demonstrieren ihre Funktion. Bildtechnisch sind sie meist so angeordnet, daß sie durch den Bildrand begrenzt werden, wodurch der Betrachter die dazugehörige Person mehr oder weniger bewußt assoziiert. Das Bild behält so einen realistischen Charakter. Eine elegante, imaginäre Lösung zeigt dagegen die Postkarte für das Beruhigungsmittel Nervophyll: Die Hände agieren wie Geisterhände frei im Raum vor einem schwarzen Hintergrund, ähnlich wie beim Schwarzen Theater, bei dem die Darsteller mit Ausnahme der Hände und Füße ganz in Schwarz gekleidet sind und vor einem schwarzen Hintergrund spielen. Mit Hilfe einer geschickten Beleuchtungstechnik entsteht beim Zuschauer der Eindruck, Hände und Füße bewegten sich alleine im Raum. Der Einsatz von Händen in der Bildgestaltung verleiht der Darstellung eine szenische Dynamik, die einen ganzen Handlungsablauf implizieren kann und einen Gegenpol zum rein statischen Sachplakat darstellt.
In ihrer psychologisch suggestivsten Haltung, nämlich direkt aus dem Bild (und zwar nackt!) auf den Betrachter zeigend, wurde die Hand vorwiegend für die politische Propaganda eingesetzt. Mit dem Untertitel ‹Auch Du … !› forderte sie vor allem im Ersten Weltkrieg dazu auf, sich freiwillig zur Armee zu melden. Besonders in Ländern, in denen noch keine allgemeine Wehrpflicht bestand, wurde dieses Motiv in zahlreichen Variationen durchgespielt. Ziel war es, in dem Betrachter Schuldgefühle zu erzeugen und ihn, falls er dem Appell nicht folgte, zum Drückeberger zu erklären.

296
Eng mit der Tabakwerbung verbunden ist die Kunstdruckerei Niedersedlitz bei Dresden, die sich auch auf die Herstellung von Postkarten beispielhafter Qualität spezialisiert hatte. Sie fertigte auch die aus mindestens fünf Karten bestehende Serie für verschiedene Marken der Constantin-Cigarettenfabrik. Die abgebildete Karte wirkt durch die dargestellten Größenverhältnisse surrealistisch verfremdet.
Farblithographie, um 1912
Druck: Akt. Ges. f. Kunstdruck, Niedersedlitz b. Dresden

297/298
Die Erfindung der ‹direkten Anrede› aus dem Plakat, die den Passanten mit hypnotischen Blicken fixiert und ihm den Finger auf die Brust setzt, wird dem englischen Plakatkünstler A. Leete zugeschrieben. Das Motiv wurde in allen kriegführenden Staaten zu einem gängigen Bildklischee. Da sich die Rekrutenwerbung vor allem an das einfache Volk richtete, ließ man dabei in der Regel einen einfachen, aber dennoch heroischen Soldaten auftreten. Daneben waren es nur die nationalen Personifikationen und Identifikationsgestalten, die in dieser aufdringlichen Form den Bürger unter Druck setzen durften: in England Lord Kitchener und ‹John Bull›, in den USA ‹Uncle Sam› und die Freiheitsstatue. Zu den Appellgestalten gesellte sich bei fortschreitender Kriegsmisere auch die unter dem Krieg leidende oder mutig an der Heimatfront dienende Frau. Der Propagandainhalt wandelte sich von der Rekrutenwerbung zur Kriegsanleihe und zu der generellen Frage: «Was hast Du für den Sieg getan?»
Links: Italien
Rasterdruck um 1915, signiert Mauzan
Rechts: Spanien
Lithographie 1936, signiert Gomi

Wiederholung, Bildergeschichten, Minicomics

Permanente Wiederholung ist die grundlegende Methode einer auf dauerhaften Erfolg angelegten Beeinflussung, sei es Schulung, Missionierung oder Werbung. Es geht darum, vorhandenes Desinteresse oder gar Abneigung abzubauen und aufsteigende Unsicherheit und Unentschlossenheit zu überwinden, um ein neues, positives Bindungsverhältnis in der Gewöhnung aufzubauen. Geht es nur um eine ‹richtige› Produktwahl, ist der Widerstand meist nicht groß: Das Unterbewußte, in diesem Fall der Wunsch nach Einklang mit der Umwelt, gibt zuerst nach, und der ‹gesunde Menschenverstand› findet dann die Gründe. Sichtbarstes Produkt der Wiederholungsstrategie sind die allgegenwärtigen, sich nie mehr ändernden Firmenembleme, die aus dem Alltag und der Umwelt nicht mehr wegzudenken sind.
Als Blickfang innerhalb eines einzigen Bildes fördert die monotone, schematische Wiederholung auf suggestive Art die visuelle Einprägung eines Produktes oder Begriffes. Dagegen verführt eine lockere Gestaltung in Variationen durch anregende Abwechslung zu intensiverer Beschäftigung mit der Darstellung.
Die Werbung mit Bildergeschichten basiert im wesentlichen auf dem Prinzip der Wiederholung. Zusätzlich baut sie noch ein Spannungsmoment auf, das den Betrachter dazu auffordert, die Geschichte vom Anfang bis zum Ende aufmerksam zu studieren. Ist erst einmal die Neugier geweckt, verlieren sich auch die eventuell vorhandenen Vorbehalte gegen Reklame, und der Beschauer prägt sich – mehr oder weniger unbewußt – en passant das Produkt ein. In ihrer Tradition fußen die Bildergeschichten auf den Bilderbögen des 19. Jahrhunderts, wie sie zum Beispiel von Gustav Kühn in Neuruppin in hoher Auflage herausgegeben wurden. Unter den Zeitschriften setzten die ‹Fliegenden Blätter›, die ‹Lustigen Blätter› und auch die ‹Meggendorfer Blätter› diese Tradition fort. Zu Beginn des 20. Jahrhunderts übernahmen amerikanische Tages- und Wochenzeitungen diese Idee und bauten sie zu den sogenannten Comic-Strips aus. Es ist in diesem Zusammenhang erwähnenswert, daß auch Lyonel Feininger erst für den ‹Ulk› und die ‹Lustigen Blätter›, seit 1894 auch für amerikanische Blätter zeichnete und ab 1906 in

299
Weniger ist mehr. Unter dieser Maxime gestaltete dieser Künstler die Postkarte für Cora Vermouth, die bei Verwendung einfachster geometrischer Formen und der Farben Blau, Gelb und Rot eine sachliche, einprägsame und zeitlose Werbung bleibt.
Farblithographie, um 1928

300
Dieses Bild lebt von den Figuren, die schwungvoll wie über eine Bühne schreiten, während sie mit kräftigen Pinselstrichen der Postkarte ihre bunten Akzente setzen.
Buchdruck, um 1920

301
Scheinbar ins Unendliche reihen sich die Räder der Bergischen Stahlindustrie und verstärken den Eindruck einer unerschöpflichen Poduktionskapazität, die hier mit Hilfe der Fotomontage perfekt ins Bild gesetzt wurde.
Buch- und Rasterdruck, um 1930

der ‹Chicago Sunday Tribune› Kindercomics wie ‹The Kinder-Kids› und ‹Wee-Willie-Winkie's World› illustrierte.
Auf der Postkarte müssen solche Comic-Vorläufer aus Platzgründen in einer Kurzfassung erscheinen. In ihrer kompaktesten Form bestehen sie aus drei Bildern. Nach der Vorstellung des Produktes und des Protagonisten, mit dem sich schließlich der Betrachter identifizieren soll, wird im zweiten Bild schon der dramatische Höhepunkt erreicht. Im dritten Bild, dem Happy End, wird gern die Begeisterung über die Wirkung des Produktes dargestellt, wobei das Produkt noch einmal bestens plaziert zu sehen ist.
Andere Firmen arbeiteten auch mit mehr Bildern und stellten zum Beispiel einen Bewegungsablauf, etwa «Ein Glas ‹Pilsener Urquell› auf einen Zug», dar.
In dem alten Wunsch, unbewegte Bilder zu animieren, manifestierte sich auf dieser Karte vielleicht die Idee für den ersten Werbefilm.
Die Technik der Dialoge ist uns aus den täglichen Rundfunk- und Fernsehsendungen geläufig. Für den Rundfunk ist das Zwiegespräch besonders wichtig, da er nur über den akustischen Spielraum verfügt und wenig Abwechslung bieten kann. Die Grundstruktur des Dialogs ist simpel und uralt, fast alle Witze in den alten Unterhaltungsblättern sind darauf aufgebaut. Es gehören zwei Protagonisten dazu: Mann – Frau, Jung – Alt, Reich – Arm, Gebildet – Ungebildet, Inländer – Ausländer etc.... und vor allem und heute fast nur noch: die kluge Hausfrau, die das neueste Waschmittel schon kennt, bevor es auf dem Markt ist, und die dumme Hausfrau, die immer noch mit dem alten wäscht... Die einzige Abwechslung besteht bei den Bildmedien in den charaktertypischen und sozialtypischen Variationsmöglichkeiten für die Gesprächspartner. Da sich aber die moderne Werbung wegen der statistischen Streuquoten nur noch an den gediegenen Mittelstand wendet, ist auch hier die Abwechslung fast auf Null gesunken.

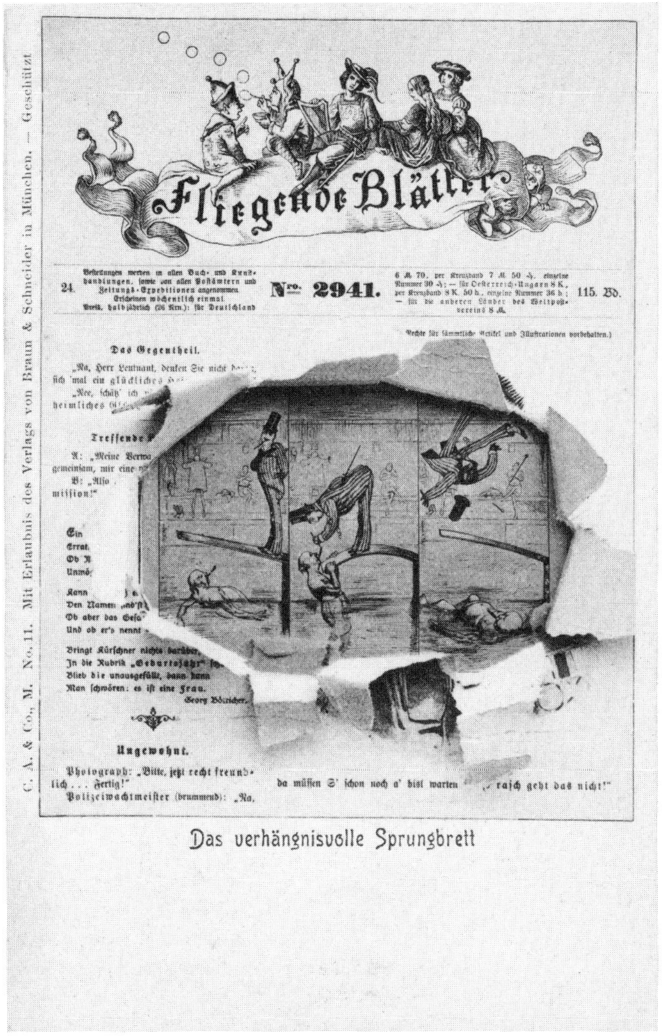

302
Durchbrochene Papierwände waren um die Jahrhundertwende ein beliebter Überraschungseffekt. Die zerrissenen Papierränder erwecken die Vorstellung eines Sprunges aus einer Kulisse und sollen zugleich als originelle Einrahmung wirken. Mit Genehmigung der jeweiligen Zeitschriftenverlage variierten Postkartenverleger diesen Bildgag mit Illustrationen aus den verschiedensten Blättern, hier aus den ‹Fliegenden Blättern›.
Farblithographie, um 1900
Druck: C.A. & CO, M.

303
Wie die Werbung in dieser Kurzgeschichte anschaulich illustriert, verhilft «Purgen, das ideale Abführmittel» leidgeplagten Zwergen zu sichtbarer Erleichterung. Eine typische Postkarte der Jahrhundertwende, mit blumiger Jugendstileinrahmung und einem ausgesparten Raum für Mitteilungen.
Farblithographie, um 1900

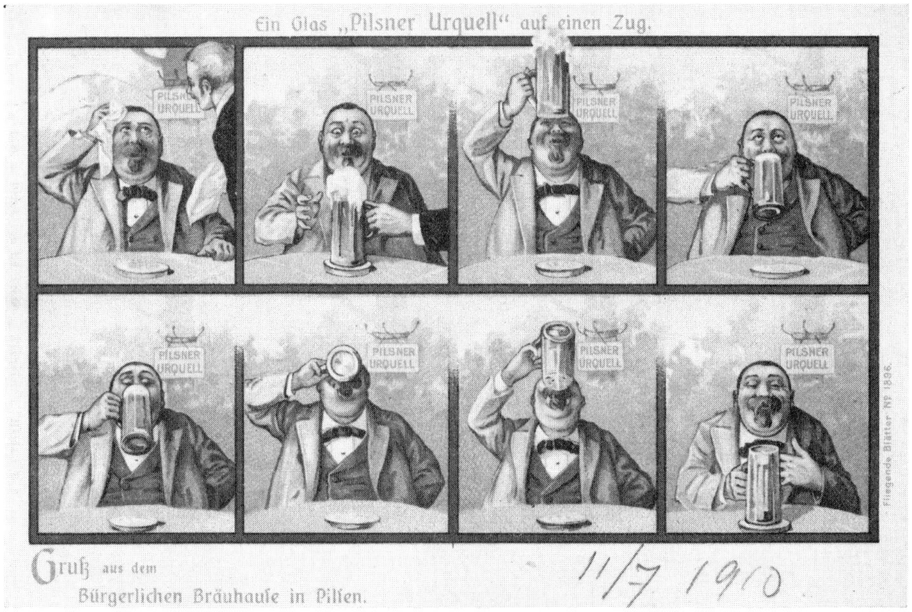

304
Eine Illustrationsfolge aus den ‹Fliegenden Blättern No 1896› adaptierte das Bürgerliche Brauhaus in Pilsen, um sie zu einer eigenen Reklamepostkarte umzufunktionieren. Deutlich sichtbar ist in jedem Bild ein Schild mit dem hauseigenen Produkt, dem Pilsner Urquell, untergebracht.
Farblithographie, 1910
Druck: Andelfinger & Co, München

305
Mittlerweile ein Klassiker der Reklamegeschichte ist der Entwurf von A. M. Cassandre für den Aperitif Dubonnet von 1932. Unterstützt wird diese berühmte Werbegraphik durch die geschickte Wortsteigerung, die als Superlativ den Markennamen setzt.
Farblithographie, um 1934

306
An der Trivialität solcher Dialoge hat sich bis heute wenig geändert, wie Radio- und Fernsehspots beweisen. Sichtbar trennt auf diesem Bild ein Pfad die weiße von der gelben Wäsche, die kluge von der dummen Hausfrau, die noch immer nichts von Oxygon, Schmolzer Universal-Seife, weiß.
Farblithographie, gestempelt 1907

307
Der Text dieser Werbekarte für Strebel-Tinte ist in allerfeinster Sütterlin-Schrift geschrieben. Die umständliche, verschnörkelte Schreibschrift war zeitweise in allen deutschen Schulen obligatorisch.
Bruder: Potztausend, Schwester, Deine Schrift! wie schwarz, wie zart und fein!
Womit Du das geschrieben hast, muß Wundertinte sein!
Schwester: Das ist die STREBEL-TINTE, Hans,
Die solche Wunder thut,
Zehn Pfennig, denk, das Fläschen nur
Und ist so himmlisch gut!
Farblithographie, um 1900

Das Zitat

Dem schwarz auf weiß gedruckten oder geschriebenen Wort, das unwiderruflich und unveränderlich für alle Zeit feststand, haftete immer schon der Nimbus unbestechlicher Gültigkeit an. Das galt selbst noch, als die industrielle Tagespresse gedruckte Texte als Massenware produzierte und die alltägliche Austauschbarkeit von Worten und Inhalten demonstrierte. Einen höheren Anspruch auf Glaubwürdigkeit bewahrten sich aber doch die redaktionellen Nachrichten gegenüber den zunehmenden Reklametexten in Anzeigen. Deshalb entwickelte man die Methode, Werbetexten und -bildern das Aussehen offizieller Nachrichten oder alter Dokumente zu geben, in einfachster Form als Abdruck eines scheinbar originalgetreuen Textausschnittes aus einer Zeitung oder einem Kundenbrief. Die Abbildung wirkte als optisches Zitat und suggerierte die Authentizität eines unparteiischen Urteils. Die fingierten Interviews in der Radiowerbung mit Professoren, die sich in kompetentem Tonfall über Zahnpasta oder andere Produkte äußern, bilden das akustische Gegenstück dieses Verfahrens, das beim Kunden eine besonders hohe Leichtgläubigkeit voraussetzt.

Fingierte Zeitungs- oder Expertenzitate sind nur ein einfaches Beispiel dafür, wie die Werbung versucht, ihr genuines Handikap zu überspielen, daß jede werbende Selbst- oder Produktanpreisung mit der offensichtlichen Überredungsabsicht zum eigenen Vorteil belastet ist. Je lauter sich die Werbung gibt, um so mehr stellt sie sich bloß; der Kunde merkt die Absicht und ist verstimmt. Deshalb versuchten die Werbestrategen seit ihrer Existenz mit allen erdenklichen Kniffen, die Werbung nicht als solche erscheinen zu lassen; sie verleugneten ihre eigentliche Absicht im Gewande scheinbarer Objektivität oder zweckfreier Kunst.

Markante Beispiele dafür lieferte jahrelang die Firma Lingner, Dresden, in ihren Anzeigen und in milderer Form auch auf einigen Postkarten für das Mundwasser Odol. Ohne jeden Text erscheint allein der Name oder das Odolfläschchen in suggestiver Übergröße als phantastischer Bestandteil von populären Landschaften. In der Funktion eines Zitats gibt uns Odol auch einen erfreulichen Beweis für die Beliebtheit und den Kommunikationswert der Postkarte:

308
Die ‹Revue Adam, die Zeitschrift für den Mann› läßt auf dieser Montage aus Zeitungsausschnitten die Kleiderphilosophie des Herrenausstatters F. W. Fuchs zu Worte kommen: «Vielleicht werde ich etwas mehr Schönheit in den Alltag der Menschen bringen ... Es ist die Pflicht eines Jeden, so schön wie möglich zu sein. Es ist egoistisch, nicht das Beste für das Wohl der Gesellschaft aus sich selbst zu machen, egoistisch und gefährlich, denn die Rasse, die es vernachlässigt, sich um ihr Erscheinungsbild zu kümmern, wird aussterben.»
Lichtdruck mit eigenhändiger Unterschrift und Adressenangabe, 1927

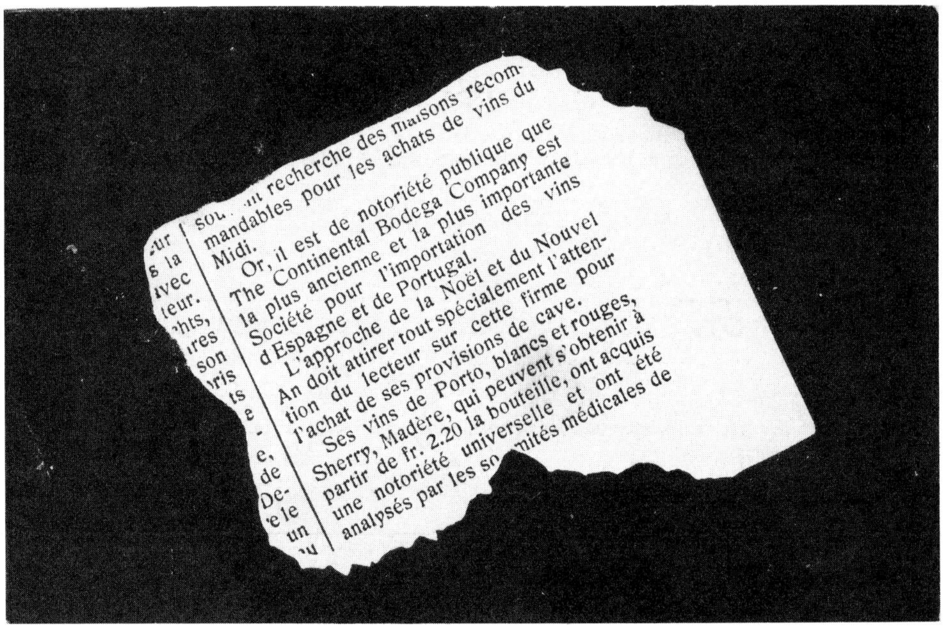
sou… recherche des maisons recommandables pour les achats de vins du Midi.
Or, il est de notoriété publique que The Continental Bodega Company est la plus ancienne et la plus importante Société pour l'importation des vins d'Espagne et de Portugal.
L'approche de la Noël et du Nouvel An doit attirer tout spécialement l'attention du lecteur sur cette firme pour l'achat de ses provisions de cave.
Ses vins de Porto, blancs et rouges, Sherry, Madère, qui peuvent s'obtenir à partir de fr. 2.20 la bouteille, ont acquis une notoriété universelle et ont été analysés par les so…mités médicales de

309
Die internationalen Niederlassungen der ‹Continental Bodega Company› dürften den damaligen Reisenden so vertraut gewesen sein wie ihre Postkarten den heutigen Sammlern. Gezeichnete Ansichtskarten ihrer Filialien existieren aus allen deutschen und europäischen Großstädten.
Auf dem abgebildeten Zeitungsfragment läßt die Company unter anderem mitteilen: «... Es ist öffentlich bekannt, daß die Continental Bodega Company die älteste und bedeutendste Gesellschaft für den Import spanischer und portugiesischer Weine ist. Das bevorstehende Weihnachten und Neujahr müssen die Aufmerksamkeit des Lesers ganz besonders auf diese Firma lenken, in Hinblick auf den Einkauf der Kellervorräte ...»
Buchdruck, um 1900

Auf den Werbeseiten der satirischen Zeitschrift ‹Kladderadatsch› erschienen Odol-Anzeigen als fingierte Postkarten, auf denen ein Tourist über Odol-Werbung in fernen Ländern berichtete.

Mit Pauken und Trompeten

Daß Reklame schon in der Antike betrieben wurde, belegen Inschriften auf Mauern und Holztafeln, wie sie zum Beispiel bei Ausgrabungen in Pompeji gefunden wurden. Doch in den Zeiten, als noch die wenigsten Menschen schriftkundig waren, warb man – was liegt näher – mit der menschlichen Stimme. Die Verkündung von amtlichen Erklärungen, aber auch schon von privaten Kaufaufrufen übten bei den Griechen wie bei den Römern die sogenannten Marktschreier aus. Im Mittelalter bekleideten diese Ausrufer sogar ein öffentliches Amt, konnten aber auch gegen Bezahlung von Privatpersonen in Anspruch genommen werden. Schon die Übersetzung des Wortes Reklame (reclamare: dagegenrufen), läßt auf den Lärm schließen, der auf den Marktplätzen seinerzeit geherrscht haben muß, wenn die Ausrufer gegeneinander anschrien. Schon früh besann man sich daher der gegebenen technischen Möglichkeiten, die Stimme zu schonen und dennoch die Konkurrenz zu übertönen. Trommeln und Posaunen wurden eingesetzt, deren Handhabung keine allzu große Kunstfertigkeit erforderte. Von Staatsoberhäuptern ist bekannt, daß diese sich gerne mit Trommeln und Fanfaren ankündigen ließen, und die Werbetrommel wurde auch dann gerührt, wenn ein Fürst seinen Nachbarfürsten belehren wollte und für diesen Zweck Soldaten benötigte. Meyers Konversationslexikon von 1896 verzeichnet unter dem Stichwort ‹Werbung› noch ausschließlich die «... Anwerbung, die Ergänzung des Heeres durch Rekruten ...».

Die Marktschreier hingegen gerieten im 18. Jahrhundert mehr und mehr in Bedrängnis. Mit der Ausbreitung der Buchdruckkunst entwickelte sich schnell die schriftliche, bald auch schon mit Illustrationen belebte Werbung in Gestalt von Flugblättern, Zeitungen und Plakaten. Trommeln, Pauken, Trompeten und Posaunen wurden hier jedoch als Bildelemente übernommen. Einige Zeit später schon betrachtete die Werbegraphik sie als ihre ureigenen Insignien. Besonders auf den Postkarten der Italiener tauchen sie als Stereotype bevorzugt dann auf, wenn Gebrauchsgraphiker für ihre eigenen Entwürfe oder Ateliers werben. Als Dritter im Bunde tritt noch das Sprachrohr zur Visualisierung phonetischer Kraft hinzu. Hochkonjunktur feierten diese Instrumente in den zwanziger Jahren, wo futuristische Männchen um die Wette trommelten und bliesen; auch Altmeister Fortunato Depero verwendete diese bevorzugt, um für seine ‹Casa d'Arte› in Rovereto zu werben (Abb. 312). Eine solche Autopromotion ist schon deshalb interessant, weil man davon ausgehen kann, daß Künstler ihr Bestes gaben, wenn sie schon in eigener Sache warben. Ein Sammler weiß diese Postkarten besonders zu schätzen.

Die häufige Verwendung von Pauken und Trompeten als Symbole der Selbstdarstellung und Selbstthematisierung in den zwanziger Jahren verrät das neue Selbstverständnis der Werbekunst, die sich ihrer Funktion als Trommler und Posaunisten voll bewußt ist und diese Rolle selbstbewußt als eigenständige Kunstgattung, als zweckorientierte Alltags- und Gebrauchskunst vertritt.

310
Veranstaltungskarte für einen Flugtag des Flugvereins ‹Emilio Pensuti› in Mailand. Von ihrem Gestalter N. Longo ist nur noch eine weitere Postkarte für denselben Verein bekannt. Rasterdruck in Schwarz-Weiß, 1929, signiert N. Longo

311
Lucio Venna nahm 1919 an der Großen Nationalen Futuristenausstellung in Mailand teil, nachdem er vorher Balla und Depero kennengelernt hatte. Als Eigenwerbung gestaltete er 1922 und 1928 je eine Postkarte, mit denen er Werbeentwürfe aller Art, unter anderem auch für Postkarten, anbot. Buchruck, 1928 (L. Venna)

312
Fortunato Depero fand bereits mit 22 Jahren in Rom 1914 Anschluß an die Futuristengruppe. 1915 verfaßte er gemeinsam mit Giacomo Balla das Manifest der ‹Futuristischen Neukonstruktion›. Für seine ‹Casa d'Arte Futurista› in Rovereto entwarf er einige Postkarten, die ihn und seine Kunst selbst bewerben sollten. Er verwendete für sie ausschließlich die Farben Rot und Schwarz. Die abgebildete Postkarte ist auf der Rückseite von ihm handschriftlich als Probedruck bezeichnet, auf der Vorderseite signiert und datiert (1927). Ein Jahr später ging Depero nach New York, wo er unter anderem Titelseiten für die Zeitschriften ‹Vogue› und ‹Vanity Fair› entwarf.
Buchdruck, 1927, signiert Depero

313
Die silhouettenhafte, sich in scheinbar endloser Wiederholung kopierende Aneinanderreihung gesichts- und individualitätsloser Menschenkörper wurde in den zwanziger und dreißiger Jahren zu einem ikonographischen Klischee, das von allen Stilrichtungen aufgegriffen wurde.
Als Ideogramm des Mythos von der Masse veranschaulicht es unübersehbar den Verlust der menschlichen Individualität im Weltbild dieser Zeit. Im trivialen Naturalismus der Nationalsozialisten findet sich das Motiv in den gleichförmig marschierenden Soldatenmassen wieder.
Rasterdruck, gestempelt 1925

Ausgewählte Literatur

Ades, Dawn: *The 20th-Century Poster*, New York 1984
Arnold, Friedrich (Hrsg.): *Anschläge*, Ebenhausen 1985
Arrasich, Furio: *Catalogo delle cartoline italiane*, Roma 1985 u. 1986

Baudet, Anni et Francois: *L'Encyclopédie Internationale de la Carte Postale Illustrée*, Band 1 1978, Band 2 1980, Paris

Ciolina, Erhard u. Eva-Maria: *Garantirt Aecht*, München 1987

Falkenberg, Hans: *Bäuerliches Leben auf alten Postkarten*, Ausstellungskatalog, Grossweil 1981
Falkenberg, Hans: *Gruß von der Electricität, . . . von der Automobilfahrt, . . . von der Bahnfahrt, . . . der Luftfahrt, . . . der Seefahrt*, alle Nürnberg 1983–1987
Fanelli Giovanni, Godoli Ezio: *La Cartolina Art Nouveau*, Firenze 1985
Feuerhorst, Ulrich/Steinle, Holger: *Die bunte Verführung, Zur Geschichte der Blechreklame*, Berlin 1985
Das frühe Plakat in Europa und den USA, Ein Bestandskatalog, Band 3: Deutschland, Berlin 1980

Ganter, Richard: *Die Sprüchemacher*, Reinbek 1980
Das große Lexikon der Graphik, Braunschweig 1984
Glückwünsche auf Postkarten, Ausstellungskatalog, Altona 1978

Holstein, Jürgen: *Katalog 105 – Bauhaus*, Berlin 1987
Hopf, Andreas und Angela: *Liebig-Bilder*, München 1979

Kämpfer, Frank: *Der rote Keil*, Berlin 1985
Kalckhoff, F.: *Die Erfindung der Postkarte*, Leipzig 1911
Kery, Patricia F.: *Art Deco, Druckgraphik*, Frankfurt 1986
Knilli, Friedrich (Hrsg.): *Medienmagazin 1*, München 1974
Ein Krieg wird ausgestellt, Katalog, Frankfurt 1976
Kunst und Postkarte, Ausstellungskatalog, Altona 1970

Kyrou, Ado: *L'Age d'Or de la Carte Postale*, Paris 1966

Lebeck, R. (Hrsg.): *Jugendstil-Postkarten II*, Dortmund 1979
Lebeck, R. (Hrsg.): *Reklame-Postkarten*, Dortmund 1978
Leclerc, Herbert: Ansichten über Ansichtskarten, in: *Archiv für deutsche Postgeschichte Heft 2/1986*, Frankfurt
Leitherer Eugen, Wichmann Hans: *Reiz und Hülle, Gestaltete Warenverpackungen des 19. und 20. Jahrhunderts*, Basel, Stuttgart 1987
Lurker, Manfred: *Wörterbuch der Symbolik*, Stuttgart 1979
Lutz, Rudolf: *Die Ansichtskarte, Ihre Entstehung, Entwicklung und Bedeutung*, Baden-Baden, 1901

Maier, Lotte: *Reklame-Schau*, Dortmund 1984
Margadant, Bruno: *Das Schweizer Plakat*, Basel 1983
Mielke, Heinz-Peter: *Vom Bilderbuch des Kleinen Mannes*, Köln 1982
Mordente, Mario: *Catalogo delle Cartoline Illustrate Italiane*, 2. Ausgabe, Roma 1982

Neudin, *Cartes Postales*, Kataloge seit 1975, Paris

Packard, Vance: *Die geheimen Verführer*, Düsseldorf 1987
Pieske, Christa: *Das ABC des Luxuspapiers*, Berlin 1983
Plakate in München 1840–1940, Ausstellungskatalog, 2. Aufl. 1978
Popitz, Klaus: *Plakate der Zwanziger Jahre*, Berlin 1978
Postkarten und Künstlerkarten, Ausstellungskatalog Galerie Arkade, Berlin/DDR 1978

Rademacher, Hellmut: *Das deutsche Plakat*, VEB o. J.
Ruben, Paul (Hrsg.): *Die Reklame, ihre Kunst und Wissenschaft* (1913), Reprint 1977, Hamburg

Sailer, Anton: *Die Karikatur in der Werbung*, München 1969
Sailer, Anton: *Das Plakat*, München 1971
Schindler, Herbert: *Monografie des Plakats*, München 1972

Schmidt, Claus-Torsten: *Weltverband Kosmopolit*, Düsseldorf 1983

Schmidt, Claus-Torsten: *Die frühen Postkarten des Franz Scheiner aus Würzburg*, Düsseldorf 1984

Schmidt, Claus-Torsten: Der ‹Postkarten-Club München› von 1899, in: *Gruß aus Nr. 22/87 und 23/88*

Schoch, Rainer u. a.: *Politische Plakate der Weimarer Republik 1918–1933*, Hessisches Landesmuseum, Darmstadt 1980

Scudiero, Maurizio: Futurismo, in: *La Cartolina Nr. 2/1985*, Roma

Scudiero, Maurizio: *Futurismi Postali*, Rovereto 1986

Sponsel, Jean Louis: *Das moderne Plakat*, Dresden 1897

Staff, Frank: *The Picture Postcard and its Origins*, London 1966

Stöckle, Wilhelm: *Deutsche Ansichten*, München 1982

Stöckle, Wilhelm: *Das deutsche Kaiserreich*, Stuttgart 1985

Sturani, Enrico: *Nuove cartoline*, Roma 1981

Tagebuch der Straße, Geschichte in Plakaten, Ausstellungskatalog, Wien 1981

Tendenzen der Zwanziger Jahre, Ausstellungskatalog, Berlin 1977

Till, Wolfgang: *Alte Postkarten*, München 1983

Traum und Wirklichkeit - Wien 1870–1930, Ausstellungskatalog, Wien 1985

Väth-Hinz, Henriette: *Odol, Reklame-Kunst um 1900*, Gießen 1985

Wasem Erich: *Sammeln von Serienbildern*, Landshut 1981

Weill, Alain: *Plakatkunst International*, Berlin 1985

Wember, Paul: *Die Jugend der Plakate*, Krefeld o. J.

Weiss, Peter: Werbepostkarten, in: *graphik Nr. 4/85, 6/85, 7/85, 8/85, 9/85, 10/85, 11/85 und 12/85*

Wingler, Hans M.: *Das Bauhaus*, Köln 1975

Wolf, Herbert: *Farbige Postkartengrüße aus dem Bayerischen und Oberpfälzer Wald*, Grafenau 1985

Wolf, Herbert: Deutsche Vorläufer der Ansichtspostkarten, in: *Gruß aus Nr. 3/1985*. Seit wann gibt es Ansichtskarten?, in: *Gruß aus Nr. 2/1983, 3/83, 5/84, 6/84, 8/84*

Zur Westen, Walter von: *Reklamekunst*, Bielefeld und Leipzig 1914

Index

Zu den Abbildungen

Alle abgebildeten Karten stammen aus den Privatsammlungen der Autoren. Nicht überall war es möglich, Angaben über den Künstler oder die Künstlerin, über das Erscheinungsjahr oder die herstellende Druckerei zu ermitteln. Sofern diese Angaben vorlagen, wurden sie in den Bildlegenden aufgeführt.